旅鉄車両
ファイル 002

JN096223

国鉄
151系
特急形電車

クハ26006以下　下り「第1こだま」
1959年7月31日　摂津富田付近　写真／辻阪昭浩

東海道を駆ける最盛期の151系

東海道本線を上る151系「つばめ」。
151系は贅を尽くし、高性能も求めた特別な存在だった。
1962年8月17日　由比〜興津間　写真／辻阪昭浩

パーラーカーを連結した151系「つばめ」。
大きな側窓は人々の憧れの的だった。
1964年7月5日　大井町　写真／辻阪昭浩

151系の成功からキハ80系が登場し、全国特急網が構築された。
大阪駅では博多行き「みどり」が同一ホームで接続した。
1963年2月27日　大阪　写真／辻阪昭浩

登場時の8両編成で駆け抜ける151系「こだま」。
前照灯には赤色フィルターが掛けられている。
1959年8月15日　戸塚付近　写真／辻阪昭浩

151系は「こだま」に続いて「つばめ」に投入され、さらに「はと」「おおとり」「富士」などが設定された。

1962年8月17日　興津付近　写真／辻阪昭浩

大阪駅で153系急行形電車（左）と並ぶ151系。両形式が新幹線開業まで、東京～大阪間の旅客輸送を担った。

1960年　夏　写真／辻阪昭浩

新幹線の開業後は山陽本線の特急に転用された。
「しおじ」が瀬野～八本松間の難所を越える。
クハ181-2
1966年12月30日　瀬野～八本松間　写真／辻阪昭浩

新幹線開業、山陽へ、九州へ

151系は九州にも乗り入れた。
交流電化のため、電源を供給する
サヤ420形を介在し、
電気機関車に牽引されて走行した。
1965年9月2日　八幡　写真／辻阪昭浩

181系が最後まで活躍した特急「とき」。1972年以降、山陽路から来た151系が出自の先頭車は、
前面に帯がない車両が多かった。クハ181-7以下の編成。
1974年10月29日　長岡　写真／佐藤 博

関東へ、再び………

クハ180-52以下の特急「あずさ」。
元はクロ151だった車両であった。
1975年10月10日　相模湖〜高尾間　写真／佐藤 博

特急「あさま」に充当されるクハ181-5以下の編成。
専用の8両編成が使用された。
1975年5月15日　上野　写真／佐藤 博

Contents 旅鉄車両ファイル 002

表紙写真：
151系「こだま」
1964年9月8日 大阪駅付近
写真／辻阪昭浩

特記がない写真は著者撮影

「こだま号」はブリキのおもちゃでも人気があった。パンタグラフはご愛嬌だが、運転台やボンネットの複雑なラインがプレス加工で見事に表現されている。写真は筆者の玩具を父が撮影したもの。

永遠の憧れ、151系を追いかけて ……

　「こだま」形電車と言われて、60代半ば以上の人なら誰もが思い浮かべるのは、新幹線の「こだま」ではなく、クリームと赤のツートンに塗り分けられた流線形の特急形電車であろう。1960年当時「でんしゃ」の絵本では必ず表紙を飾っていたし、ブリキのおもちゃにも流線形を巧みに表現した製品が登場、学校でも「こだま」に乗った子はクラスの人気者になった。

　その「こだま」の名で一世を風靡した151系（モハ20系）は、走行性能、接客設備、デザイン等を総合した車両技術というハード面の飛躍的向上と、東京〜大阪間を日帰り可能とした「ビジネス特急」への投入というソフト面の両方が極めて高い次元で結実し、誕生から64年、直系の181系引退から43年を経た今日においてもなお、私たちの記憶に深く刻み込まれた名車中の名車である。

　しかし華々しい活躍は、東海道新幹線にその座を譲るまでのわずか6年足らずで終わりを告げ、その後は山陽・上信越・中央の各線で余生を送ることとなり、各使用線区の実情に合わせた幾多の改造を経て、四半世紀にも満たない波乱の生涯を終えることとなった。

　高性能で繊細な"高級スポーツカー"ともいえる151系特急形電車の短くも美しく輝いた時代と、その面影をたどってみたい。

朝の東京駅「第1こだま」の前で、子煩悩だった父が撮ってくれた記念写真。今でも新幹線ホームで同様の光景を見かけるが、ホームドアの普及で撮りづらくなっている。
1963年11月30日

第1章

151系の概要

日本国有鉄道(国鉄)で初めての特急形電車として登場した151系(登場時はモハ20系)。今となっては当たり前の「特急電車」だが、当時は前代未聞の車両カテゴリーであり、優等列車のあり方を根底から覆すほどの開発プロジェクトであった。

そのため、技術面はもちろん、編成や車両の構成などのソフト面にも数々の試みが見られた。今となっては考えられないことも、当時は初めての挑戦であり、さらに世界初の高速鉄道として開発が進められていた新幹線への実験の場でもあった。

誕生のいきさつ

東海道本線京都～山科間を行く、C62 30牽引の上り特別急行「つばめ」。
架線も架線柱もないスッキリとした、電化前の山科三線区間。
1951年6月　写真／米原晟介

151系が登場した
1950年代の時代背景

　「こだま」形特急電車の誕生は今から64年も前の1958年9月（営業運転開始は11月）のことであるが、この間に国民生活水準は高度成長期を経て飛躍的に向上し、オイルショックやバブル崩壊があったとはいえ、今の私たちの生活水準と1958年当時のそれとではまったくと言ってよいほど変化してしまった。この最新鋭特急形電車が当時の人々にどれだけの驚きと羨望、賞賛をもって迎えられたかを知る上で、当時の時代背景や国民生活にある程度触れておく。

　1955年、日本は戦前の所得水準を回復し、翌56年には『経済白書』が「もはや戦後ではない」と宣言するに至ったとはいえ、国民生活はまだまだ高度成長の緒に付いたばかり。庶民の憧れであった三種の神器「電気冷蔵庫、電気洗濯機、白黒テレビ」もようやく一部の家庭に普及し始めたところであった。街頭テレビが幅を利かせ、冷房に至っては事業所でも設備しているところはまれで、一般家庭では扇風機があればよい方であった。「自家用

車、クーラー、カラーテレビ」のいわゆる3Cといわれる贅沢品が普及し始めるまでには、さらにこのあと10年の歳月を要することになる。

　一方、鉄道はといえば、日本の大動脈東海道本線ですら、戦前は国防上の理由から沼津～京都間が非電化のままであった。大阪から上り「つばめ」に3時間揺られて名古屋に着き、新鮮な空気を吸いにホームに降り立とうとデッキの手すりに掴まった途端、うら若き乙女の白い手はC62形蒸気機関車の煤煙で見るも無惨に真っ黒……。そんな光景が東海道本線においても日常だった。

　戦後復興の傍ら、GHQの統制下にあって資材の調達や財源に苦労しつつ、ようやく東海道本線の全線電化が完成したのは1956年11月19日、「こだま」運転開始のわずか2年前であった。

　鉄道車両においても、冷房車は1等展望車や食堂車、1等寝台車と一部の2等寝台車に限られ、特急用車両といえども2等座席車、3等車に冷房車は存在しなかった。さらに電車は、一部私鉄において高性能軽量車体の電車が出現していたものの、国鉄

では1957年6月にようやくモハ90系電車の試作車10両が誕生したばかりで、あとはすべて吊掛駆動、しかも大半は焦げ茶色の電車であった。

そんな中、クリーム色と赤色のツートンカラーも鮮やかな流線形の特急形電車が忽然と現れたのだから、その姿が人々の目にどれだけ斬新で美しく映ったかは想像に難くない。

動力分散方式の採用へ「こだま」誕生への布石

1955年当時の日本国内旅客輸送における国鉄のシェアは50%を占め、私鉄も合わせた鉄道のシェアは実に82%を超えていた。中でも東海道本線の輸送量は年々増加を続け、国鉄全線の輸送量の1/4弱が東海道本線に集中しており、高速列車の増発が急務であった。

1955年12月には、東京～大阪間を6時間30分で結ぶ超特急運転計画具体化に向けて、高速運転仕様としたEH10 15と完成したての軽量客車による高速度試験が実施された。この試験結果から、軸重の大きな機関車牽引による客車列車での6時間30分運転実現には、軌道強化をはじめ莫大な設備投資が必要との結論が下され、軌道の脆弱な日本の鉄道事情に合致した動力分散方式の電車による長距離高速列車運転に方針が転換されていく。

動力分散化の流れを作ったのは、当時の国鉄技師長・島秀雄氏である。島氏は1901年生まれ、父・安二郎氏、次男・隆氏と共に鉄道に生涯を捧げ、東海道新幹線の生みの親としても有名である。戦前は3シリンダのC53形蒸気機関車、名機と謳われるD51形蒸気機関車等の設計に従事しながら、新幹線の布石となる弾丸列車構想を掲げた先進的発想の人物であった。

戦後は疲弊した鉄道の復旧に全力を挙げる傍ら、早い時期から動力分散方式の優位性に着目、「高速台車振動研究会」の座長を務め、1950年にはモハ80系湘南電車の実現に漕ぎ付けた。1951年に発生した桜木町事故の責任をとる形で一旦国鉄を退くが、新幹線計画実現に向け十河信二国鉄総裁の強い意向によって、国鉄に副総裁待遇で復職した。

1954年に登場した私鉄初期の高性能車の代表、東京急行電鉄のデハ5000系。

17m車を主体とした旧型電車で編成された、1957年当時の山手線。目白～池袋間　写真／米原晟介

1956年11月の東海道本線全線電化により「つばめ」「はと」はグリーンに塗られ、全区間をEF58形が牽引した。写真／米原晟介

旅客のEF58形に対し、東海道本線全線電化後の貨物輸送の主力となったEH10形。写真／辻阪昭浩

電車専門の設計部門を設立しオールジャパンで実現に動く

当時、モハ80系湘南電車が地道に長距離運転の実績を積み上げていたものの、一般的には「電車は音がうるさく、振動も激しい」という印象しかなく、機関車牽引による客車列車こそが優等列車にふさ

「こだま」誕生以前から、すでに東京〜名古屋間、名古屋〜大阪間を準急として走破していたモハ80系電車。写真／辻阪昭浩

1957年に誕生した国鉄初の平行カルダン駆動方式モハ90系電車（のち101系）。

わしい、とするのが国鉄内部においても常識であった。その常識を覆し、島技師長号令の下、東海道本線の超特急計画を動力分散方式で実現することは、冷や飯を食わされながらも長年電車の設計に携わってきた「電車屋」にとって千載一遇のチャンスであり、また大きな試練でもあった。

　1957年2月に本社工作局から設計部門を分離し「臨時車両設計事務所」がつくられ、その初代電車主任技師に星 晃氏を迎えたことも、「こだま」誕生の大きな原動力となった。1953年から1年間のスイス留学で吸収した欧州の鉄道先端技術を早速軽量客車に活かした星氏が、いよいよ長距離高速電車の設計に腕を振るうことになった。

　のちにボンネット形と呼ばれる、機械室を先頭部の流線形部分にまとめ、高運転台とする方針は早い時期に決定していたが、編成や構成される形式についてはさまざまな意見が出され、その都度検討が重ねられた。1957年6月には国鉄初の新性能電車モハ90系がデビュー、軽量全金属車体、台車装架の小型高性能電動機を採用した静粛性と乗り心地の良さは、国鉄部内の電車に対する認識を変えるに十分であった。

　一方、特急車両にふさわしい乗り心地と徹底した防音技術開発も急ピッチで進められ、ユニットクー

ラーはモハ80系のサロ85020に試作品が取り付けられ1957年8月24日から営業に供したほか、空気バネ台車は軸バネ式をキハ48102で試験の後、枕バネ方式に改めたKS-51形を京阪電鉄1810形に採用して実績を確認、1957年10月モハ90502に試作空気バネ台車をDT21Y形として取り付けた。

　1957年9月には小田急の高性能ロマンスカー3000形SE車による高速度試験が国鉄東海道本線で行われ、9月27日には三島〜沼津間の下り線で、当時の狭軌最高速度記録145km/hを樹立した。さらに同年10月30日には歯数比を3.95に変更したモハ90系による高速度試験において切妻車体でありながら135km/hを記録、上記試作空気バネ台車DT21Y形の乗り心地も良好との結果を得て、電車による長距離高速列車運転実現の機は熟した。

上／高速度試験で145km/hの好成績を収めた小田急3000形SE車。
下／日本初の量産空気バネ台車KS-51を使用した京阪1810形。東西の私鉄高性能車を活用した「オールジャパン」の技術開発が行われていた。写真／辻阪昭浩（2点とも）

ビジネス特急の胎動
愛称とシンボルマークに
応募が殺到

　1957年11月12日の理事会で、ビジネス特急運転について、次のような事項が正式決定され、いよ

いよ長距離高速電車の設計製造が急ピッチで進められることになった。

1. 昭和33（1958）年度中の実施とする。
2. クハ・モハ・モハシ・サロの4両を背中合わせに連結した8両編成とする。
3. 軽量新性能電車を3編成用意し、東京〜大阪間6時間30分運転を目標とし、2往復設定とする。

設計製造と並行して、クハ76059およびサハ87100でディスクブレーキ現車試験、近畿車輌製モハ90系新車回送を使ってラジオ聴取試験、ヘッドライト光量、タイフォン音色試験が実施された。またモヤ4700（のちにクモヤ93000に改番）の監視ドームを使って高運転台からの信号見通し試験等が行われ、1958年2月には大阪大学で1/5模型を使った風洞実験も行われた。

1958年5月、「ビジネス特急」の概要が発表されると共に、列車名・シンボルマークの公募も行われ、応募総数は列車名に92,000通あまり、シンボルマークには5,500点あまりを数える大反響となった。

最終的に列車名は374通の「こだま」（最多は「隼」の5,957通）が採用され、特急シンボルマークは逆三角形をアレンジしたマークが選ばれた。また列車側面に取り付けるJNRマークも佳作の中から選ばれ、特急列車の先頭部側面だけでなく、分割民営化までの30年近くにわたり国鉄のシンボルマークとして広く使われることとなった。

特急にふさわしい内外装
静粛性にもこだわり

1958年7月には、「こだま」と寝台特急「あさかぜ」の外部塗装が発表になった。昼行特急である

「こだま」はクリーム色をベースに、窓まわりと裾に赤い帯を入れたものとなり、雨ドイにも赤の細いラインが入った。

当初、ライトケースに回された赤い帯がそのまま前面にまで回される予定であったが、当時の遊覧バスに似て少々品がないとの理由から完成直前に取り止めになっている。同時に雨ドイの赤い細帯も客室部分のみに変更されている。

かくして、運転開始まで1年という短期間で「こだま」の設計・製造がスタートする。設計に際しては、その高速性能もさることながら、客車特急をしのぐ乗り心地と客室設備、そして何と言っても静粛性と防振、防音に徹底的にこだわって進められた。ボンネット内に騒音源となる電動発電機、空気圧縮機を収納し、客室から物理的に遠ざける設計としたほか、側窓を複層ガラスの固定窓とし、3等車も含め全車冷房車とした。

その他、空気バネ台車の採用、浮床構造と多孔吸音天井板による徹底した防振、防音対策がとられた。今も「こだま」の室内に一歩入った途端に別世界のような静けさに包まれたことを思い出す。固定窓採用による遮音性も大きく、駅の発車ベルも聞こえず、隣のホームに止まっている横須賀線の70系電車が動いたと思ったら、動いたのは自分の乗っている「こだま」の方だったという不思議な感覚を味わえた。

これらの技術は、1959年に登場する初の2等電動車モロ151形、モロ150形の布石となり、さらには全電動車方式で誕生する新幹線電車へとステップアップしていく。

1958年7月に発表された外部塗装を施した先頭部分イラスト。デザイン変更後のクハ26形の実車とは印象が大きく違い、スマートさに欠ける。

クハ26形の先頭部に取り付けられた砲金製の特急シンボルマークと「こだま」の愛称板。字体は当時の川崎車両設計課長・米満知足氏によるデザイン。写真／辻阪昭浩

JNR（Japan National Railwey）を巧みにデザインしたマーク。「こだま」ばかりでなく国鉄そのもののロゴマークとして、「エ」マークに代わりJR継承まで親しまれた。

151系概説

国鉄特急形電車の始祖となった151系電車(当初はモハ20系)の車両全般について、製造年次ごとに解説する。なお、形式ごとの特徴・改造・履歴については形式別解説をご参照いただきたい。

Ⅰ 1958年製車(1次車)

1 形式および編成

形式は、製造開始当時、急増が予想される電車の形式称号を一部変更することが検討されており、50系を予定して製造が進んだが、改正が遅れ(1959年6月改正)、空番の20系が割り当てられ、モハ20形・モハシ21形・クハ26形・サロ25形の4形式が誕生した。奇しくも同時期に開発の進んでいた固定編成特急客車と同じ20系となり、部内では"Twenty series"と呼称されていた。

編成はクハ+モハ+モハシ+サロの4両で一組を組成、これを背中合わせに連結した8両編成とした。2等車(当時)をビュフェではさむことにより、3等客が2等車内を通り抜けることがないように配慮されているのは、当時の優等列車の基本であったといえる。

編成定員は2等104人、3等320人の計424人。1編成が東京〜大阪間を1日1往復するため、予備編成を含め3編成が必要とされた。3編成は川崎車輛株式会社、近畿車輛株式会社、汽車製造株式会社が受注(社名は当時)、各形式6両ずつの24両が1958年9月に落成した(以後メーカー名はそれぞれ、川車、近車、汽車と略称する)。編成番号にはビジネス特急の"B"を冠し、B1〜B6とした(表1)。

2 車体構造

車体はナハ10形に始まる、セミモノコック構造を採用、外板に1.6mm、屋根板に1.2mm厚の冷間圧延鋼板を使用した溶接組み立て車体である。断面は回転腰掛を回転させる際の最大幅となる肘掛け部分の車体幅を2,946mm幅とした曲面構成とし、第一種縮小車両限界に収めるために、腰板部分をR3,000mmで絞り、側窓から上の側板は内側に2度傾斜させた独特の形状となっている。

また、特急用車両であることから定員乗車を前提として屋根高さは3,350mmに抑え、走行抵抗の軽減と低重心化が図られている。

鋼体内側には石綿を吹き付けるとともにグラスファイバーを張り、防音と断熱を図っている。

車体長は、クハ26形が先頭部分の機械室と客室定員との兼ね合いから20,000mmに収めることができず、先頭部分を絞ることで21,000mmまで延長したが、他車は20,000mmである。モハ20形の自重は冷房装置を搭載したにもかかわらず約38トンと、モハ80300番台と比べて7トンもの軽量化を実現している。

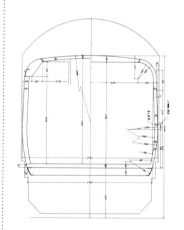

モハ20系の車体断面図
出典/『国鉄長距離高速電車説明書』より

表1

メーカー	編成番号	① Tc	② M	③ M'b	④ Ts	⑤ Ts	⑥ M'b	⑦ M	⑧ Tc	編成番号	メーカー
		←大阪							東京→		
川車	B2	26002	20002	21002	25002	25001	21001	20001	26001	B1	川車
近車	B4	26004	20004	21004	25004	25003	21003	20003	26003	B3	近車
汽車	B6	26006	20006	21006	25006	25005	21005	20005	26005	B5	汽車

国鉄151系

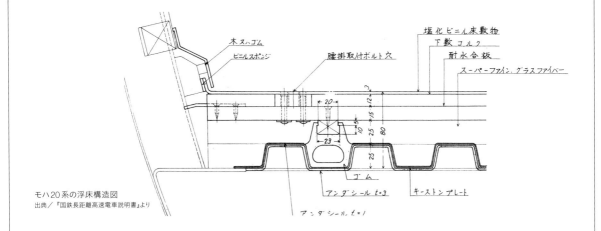

モハ20系の浮床構造図
出典／『国鉄長距離高速電車説明書』より

図中ラベル：木ヌハゴム、ビニルスポンジ、腰掛取付ボルト穴、塩化ビニル床敷物、下敷コルク、耐水合板、スーパーファイン.グラスファイバー、ゴム、アンダシール t=3、アンダシール t=1、キーストンプレート

2-1
防音対策

電車列車に対する防音の徹底については、＜誕生のいきさつ＞で述べたごとく、特急形電車開発に際しての最重要課題であった。大きな騒音源である電動発電機と空気圧縮機は、先頭車の機械室（ボンネット）部分に集約することで、物理的に客室との距離を置くことに成功したが、主電動機や走行振動の遮断についてはあらゆる角度から検討が加えられることとなった。

主電動機や台車から発生する音や振動を遮断する方法として、日本鉄道技術協会の中に設けられた「車両防音委員会」による提言をもとに、放送スタジオの浮床構造を鉄道車両に応用することが検討され、各車両メーカーで試作が行われた結果、最終的には汽車から提案された浮床構造の採用が決まった。

構造は図のように、キーストンプレートの谷の部分に長手方向の防振ゴム8本を接着、このゴム上部に根太をはめ込み、15mm厚の耐水合板を根太に固定、その上に12mm厚のコルク板を張り、さらに3mm厚の塩化ビニール敷物を張るというものであった。また、キーストンプレートと床板との間にはグラスファイバーを敷き詰め、電動車の車内点検口を廃止し床下からの音・振動の遮断に一層の配慮がなされた。なお、防音効果比較のためモハ20形とクハ26形の奇数番号車は、キーストンプレートと床板を根太で直接固定する従来と同じ固定床としたほか、浮床構造の車両についても出入台やビュフェ部分など客室以外の床は構造上固定床としている。

2-2
側窓・非常用脱出口

側窓は空調完備を前提とした固定窓とし、外側5mm厚の熱線吸収ミガキガラスと、内側5mm厚の透明ミガキガラスの間に6mm幅の乾燥空気層を封入した複層ガラスが採用された。複層ガラスは遮音効果も期待されたが、むしろ断熱効果が大きく、試験において太陽熱の5割強をカットすることが確認されている。この固定窓採用の動きは近畿日本鉄道10000系ビスタカーにも採用され、以後の冷房付き特急用車両の標準となっていく。

しかし、晩年は窓ガラスの押さえゴムの経年劣化と外板腐食等により、複層ガラスの中間空気層の気密が保てず、結露を生じた車両が多く見られたのは残念であった。

また、出入台が1カ所であることから、乗務員室を有するクハ26形

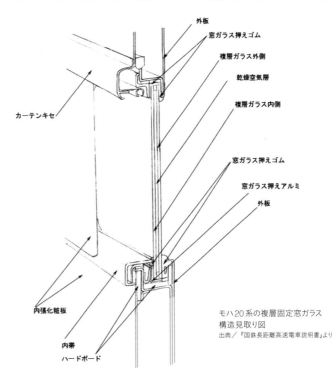

図中ラベル：外板、窓ガラス押えゴム、複層ガラス外側、乾燥空気層、複層ガラス内側、窓ガラス押えゴム、窓ガラス押えアルミ、外板、カーテンキセ、内張化粧板、内帯、ハードボード

モハ20系の複層固定窓ガラス
構造見取り図
出典／『国鉄長距離高速電車説明書』より

モハ181-3の非常用下降窓
外観

室内側から見た非常用下降窓

サロ181-2の下降窓用ハンドル
カバーと使用案内表示

を除いた各車について、出入台の反対側の客室最前位窓を非常用として下降可能な構造とした。通常は窓ガラスと押さえ枠の間に設けたゴムチューブに空気を入れることで、窓ガラスを押さえ枠に押し付けて固定、さらに機械的にロックしておくが、非常時にはこの空気を抜き、ロックを外すことで窓が下降し、ここから脱出できるようになっている。これは、1951年に起きた桜木町事故の教訓から、窓からの脱出が考慮された結果である。

客用扉は700mm幅の引戸で片側一カ所、戸閉機械は小型軽量で直動式のTK100形を開発し、これを取り付けている。

2-3 空調装置

屋根は、塩化ビニール絶縁屋根布の表面に熱線反射加工としてアルミ粉末を蒸着させ、ポリエステルコーティングした特殊な屋根布を使用し、塗装の省略が行われている。この屋根布は当時の女性用の草履からヒントを得たといわれている。

屋根上にはAU11形冷房装置を6基（クハ26形は5基）搭載し、2基を一組（モハシ21形とクハ26形の一部は1基）にして、俗に「キノコ形」と呼ばれる通風器兼用の軽合金製カバーを取り付けている。この空調装置は、それまでの車両用大型冷房装置の概念を変え、家庭用のウィンドウ形クーラーを車両用に応用改良した画期的な分散型の冷房装置で、開発には東京芝浦電気株式会社（以後、東芝と略称）があたり、ユニットクーラーと名付けられた。

2-4 外幌・連結器

防音と走行抵抗減少および外観上の美しさを考慮し外幌が設けられたが、これまで連接車を除いては曲線走行時に車体間に生じる偏倚が大きく、外幌を取り付けることは難しいと考えられていただけに、構造・材質には慎重な検討が加えられた。

その結果、ネオプレンゴムの内部にナイロンコードを入れ、外傷を受けた際にもそこから傷が拡大することを防止する対策を施し、ひだのない非常に滑らかな外幌が誕生した。このため、検査標入れは車体側面下部に取り付けられている。また、貫通路部分の内幌についても外幌と同様の材質で、幌枠はアルミ合金製の押出形材を使い軽量化を図っている。

連結器はクハ26形の先頭部分を除き密着連結器を使用し、緩衝装置は油圧緩衝器を使用している。

特急形電車、特急形気動車といえばこの形が思い浮かぶほどのユニットクーラーのカバーデザイン。上は2基を収納したタイプ（サロ181-6）、下は1基収納タイプ（クハ181-4）。カバーの裾部分の処理がストレートなのが1958年製の特徴

クハ26004の簡易連結器装着部カバー。製造当初は簡易連結器を運転室内に格納してあった。写真／辻阪昭浩

クハ26形の当初の塗装。台車を含めた床下機器は灰色に塗装されていた。

2-5
車体色

　車体外部色はクリーム4号をベースに、窓まわり・雨ドイ・車体裾を赤2号に塗り分けたスマートなもので、以後長きにわたって親しまれる国鉄特急色の始祖となっている。塗料はフタル酸樹脂エナメルが使われている。窓まわりの赤2号はクハ26形の乗務員室扉から先頭部分ライトケース側面に引かれた4本の赤2号帯に向けて、60度の角度で落とし込み、運転台中央ピラーの後退角、ボンネット開口部のラインと角度を合わせている。

　屋根は先に述べたごとく、銀色の特殊な屋根布を張っているため無塗装、ユニットクーラーキセほかの屋根上機器は銀色のアルミエナメル塗料で塗装されている。

　床下機器および台車は、国鉄電車として初めて灰色2号に塗られ、高速列車にふさわしい軽快さを生み出すとともに、傷の早期発見というメリットもあったが、保守現場からは猛反対を受け、入場時に黒色に塗り替えられてしまった。

2-6
ナンバー

　ナンバーは特急にふさわしくステンレスの切り抜き文字が採用されたが、前述のように形式称号規程改正が確実であったことから、別製の鋼板に取り付けたものを車体にネジ止めする方式がとられた。

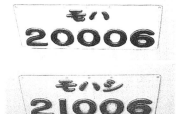

旧形式称号時代の各形式ナンバー。写真／辻阪昭浩

3
客室設備

　客室の内装材は、アルミ合金基板メラミン樹脂化粧板を主体とし、取り付けに際しては鋼体骨組みとの間にパッキンを介して、熱伝導を抑えている。化粧板の色は2等車が薄茶色4号、3等車が薄茶色6号、ビュフェが布目入りの淡緑色、出入台は薄茶色3号をそれぞれ基調色としており、押面にはアルミの押出形材が使用されている。

2等車化粧版（薄茶色4号）

3等車化粧版（薄茶色6号）

3-1
天井板

　天井板は、放送スタジオ等で見かける多孔吸音板を採用することとなり、16mm厚のアルミ合金板に15mm間隔で5mm径の穴を開け、表面は白色の尿素メラミンフタル酸エナメル焼付塗装を施し、裏面にはモルトプレンと呼ばれる吸音材を張ったものを使用している。

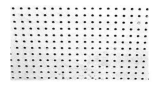

天井には放送局のスタジオで使用されている多孔吸音板を使用している。床構造、天井板ともに、放送局のスタジオ設備を防音の参考にしたことがうかがえる。

埋込式の天井スピーカー。
クハ181-1（川崎車両保存車）

サロ181-6の車内。通風口がなく、連続している蛍光灯グローブは1958年製の特徴である。

3-2
側窓・照明

　側窓は、2等車が座席1脚あたり1つの975mm幅、3等車が座席2脚あたり1つの1,435mm幅の複層ガラス固定窓となっている。カーテンは、2等車がサランの巻き上げカーテンと厚地織物の横引きカーテン併設、3等車は淡緑色のサランレース横引きカーテンである。

　客室内の照明は交流250V 40W蛍光灯を長手方向に2列に連続配置し、乳白色のアクリル樹脂グローブを取り付け、客室平均照度は500ルクスを越える高水準を達成している。

3-3
空調吹出口・換気扇

　2列の照明の間にはAU11形ユニットクーラーの室内吹出口が設けられ、吹出口カバーの上部に室内冷却器と室内空気循環ファンを内蔵、左右（枕木方向）のルーバーから室内の空気を吸い込み、冷却した上で、角形グリルを通して真下に拡散させて吹き出す方式をとっている。また、前後（線路方向）のルーバーは、新鮮な外気の押し込みと、室内空気の吸い出しを行う。

　客室の両端部とビュフェ、便所には換気扇が設けられ、客室仕切の扉上に逆台形の換気口がある。

サロ181-6のAU11形吹出口。営業開始後、室内の温度ムラが発生する事象が多く見られたため、室内温度を細かく調整できるように、1基ごとに単独操作ボタンが追設された。

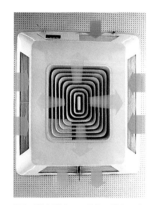
AU11形吹出口の空気の流れ。左右のルーバーから室内空気（ピンク）を吸い込み、冷却し角型グリルから冷風（水色）を拡散、操作ボタン側のルーバーから汚れた室内空気（薄紫）を吸出し、反対側から新鮮な外気（緑色）を押し込む。

客室出入台仕切の上部に設けられた換気口。クハ181-1（川崎車両保存車）

3-4
暖房・スピーカー

　暖房は420Wの電気暖房器を各車30台取り付け、客室・運転台・車掌室では腰掛下に、ビュフェ・ビジネスデスクではテーブル下に設置。電源は三相交流250Vで切替スイッチにより半減できる。

　スピーカーはM・Tsが8個、Tcが6個、それぞれ左右千鳥配置に蛍光灯と荷棚のほぼ中間に埋め込まれている。M'bは客室に4個が千鳥配置に、ビュフェは通路側天井に4個が埋め込まれている。サロを除いてはラジオ放送を室内スピーカーから流すことも可能である。

3-5
腰掛

　腰掛は、2等車がエンジ色濃淡と黒の縞模様の段織りモケットを張ったR-17形回転リクライニングシートを1,160mmピッチで配置、3等車は青色モケットのT-13形回転クロスシートを910mmピッチで配置している。

　R-17形腰掛には背面のビニール製の袋に着脱式の大型テーブルを備える。シートラジオも設置され、肘掛け下部にはイヤホンを格納する袋とNHKラジオ第1・第2放送の切替スイッチが設けられている。

　T-13形腰掛は、任意の場所から回転が可能なように近車を中心に考案

本系列以降の特急形電車2等車に採用された段織りモケット。

2等車用のR-17形回転リクライニングシート。シートラジオは撤去後だが、テーブルは差し込み式。

サロ181-6の角形冷水器。客室内の設置はサロ25のみ。

された背起こし式の回転方式が採用され、背面には埋込式の折り畳み式テーブルと、灰皿を設けている。

3等車用T-13形腰掛。背起こし式の回転クロスシート。

T-13形腰掛の背面。埋込式のテーブルが備えられている。マジックテープは後の改造による。
2点ともクハ181-1(川崎車両保存車)

落ち着いた印象の3等車シートモケット。

3-6
床・便洗面所

　床はアロンフロアリング仕上げで、2等車は青色、3等車は灰色となっている。なお2等車の通路部分は青色のじゅうたん敷きである。

　便所は電動車も含めて全車に設置し、2等車は洋式便所、3等車は和式便所とした。各車客室の便所側妻板右には、便所使用時に点灯する角型の便所使用知らせ灯が設けられている。便所流し管は、停車中には蓋ができるよう配慮されていたが、当時、走行中はそのまま垂れ流しの状態であり、保守・点検の現場では大変な苦労が続いたという。

　洗面所はモハシ21形を除く3形式

3等車に設けられた和式便所。

使用中を知らせる表示灯。角形のものは1958年製の24両のみ。2点ともクハ181-1(川崎車両保存車)

に設置され、洗面台下部には電気温水器が設けられ、お湯の供給ができるほか、2等車は専務車掌室脇、3等車は洗面所にそれぞれ電気冷水器を設置し、床下の飲料水タンクから濾過除菌装置を通し冷水を供給できるようになっている。

左/モハ、クハ、サロに設けられた洗面台。右/モハ、クハの扇形冷水器。
2点ともクハ181-1(川崎車両保存車)

3-7
くずもの入れ

　サロ25形の出入台およびモハ・モハシの物置下部には「くずもの入れ」を設置、モハ・モハシについてはこの部分の腰板部にシャッターを設け、中間停車駅での車外廃棄が素早く行えるように配慮されている。

モハ、モハシの腰板部に設けられたくずもの入れのシャッター。

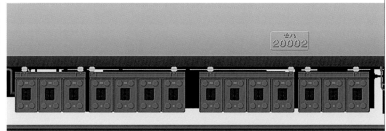

当初の14箱、MR15形自然通風式主抵抗器のイラスト。最右端の箱は減流抵抗器（のちの改造で減流抵抗器を別途設置、主抵抗器の実質的な容量増大を図った）。

4 走行装置・機器類

　基本的な主回路装置は前年の1957年6月にデビューしたモハ90系電車を基本としており、主電動機はモハ90系量産車と同じ定格出力100kW/h、弱界磁率35％の小型軽量高速回転型MT46A形を採用、床面高さの関係から冷却風濾過器を点検蓋に設ける変更を行っている。

　駆動方式は中空軸平行カルダン式で歯数比は高速性能重視の3.50とし、最高運転速度を110km/h、主電動機性能から160km/h走行も可能としている。

4-1 主制御器・主抵抗器

　主制御器もモハ90系量産車と同じCS12A形で、100kW主電動機8台の力行および電気ブレーキ制御を行う。制御段は力行が直列13段、並列11段、弱界磁4段、ブレーキが主抵抗器直列13段、並列11段である。

　主抵抗器は本系列が特急専用車であり、力行・ブレーキ頻度が少なく抵抗器の発熱量が少ないことと、軽量化と騒音低減を考慮し、14箱の自然通風式MR15形とした。しかし当時の東海道本線は徐行区間がまだ数多く残り、力行減速の繰り返しとなる区間が多かったため、川車（兵庫）から田町への新車回送時に早くも焼損が発生している。

CS12A形主制御器の内部。交通博物館展示の157系に使用されていたもの。

4-2 パンタグラフ

　パンタグラフはモハ91形（のちの153系）用に開発されたPS16形の集電舟支え装置の改良等を加えたPS16A形をモハ20形に2基搭載している。当初は常時1基を使用し、1基は予備とする予定であったが、訓練運転における擦り板の摩耗量から2基常用の取り扱いとなった。

　避雷器は当時の標準タイプLA13形が使用された。

本系列と同系のDT24A形台車に装荷されたMT46A形主電動機。写真は交通博物館展示の157系に使用されていたDT24形。

新性能電車パンタグラフの定番となったPS16形パンタグラフ。モハ181-3

亀の甲形とも呼ばれたLA13形避雷器。モハ181-3

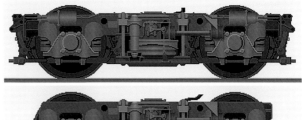
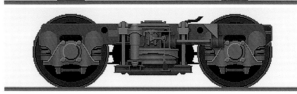

製造当時のオリジナル台車、DT23形（上）およびTR58形（下）のイラスト。揺れ枕吊りの方式がナイフエッジ式で、この部分が特徴的である。営業運転開始前に、共振による横揺れ対策改造工事を実施。台車枠強度の問題から、1963年から9mm厚の鋼板を使用したDT23Z形およびTR58Z形に順次交換された。

4-3 補助電源装置・電動発電機

補助電源装置はモハ90系と同様に交流出力としたが、各車の空調装置、暖房、照明、冷水器、調理器具等をすべて賄う大容量の電動発電機が必要になった。しかも、架線電圧の急激な変化に対し、常に出力電流と電圧を保つ精度と即応性が要求されるため、東芝で研究開発が行われ、150kVAの電動発電機がクハ26形のボンネット内に収められた。

この電動発電機は直流1500Vを受電、三相交流440V 60Hzを出力し、4両分の供給を行うが、将来の12両化を考慮し6両分の給電が可能な仕様となっている。ボンネット内の後方に防振ゴムを介して枕木方向に横置きに設置され、本体上部には点検の際のクレーンによる吊上げ、吊下げ用にフックが2カ所に取り付けられている。

電動発電機とともに大きな騒音源となる空気圧縮機はMH92電動機とC3000A形空気圧縮機を組み合わせ、Vベルト駆動とし、アフタークーラーとともに同一台枠に組み立てられ、防振ゴムを介してボンネット内の前方に据え付けられている。

ボンネットには6カ所のフックが設けられたが、天蓋は設けられていない。

乗り心地そのものを大きく左右する台車については、国鉄電車として初めて空気バネ台車を本格採用している。空気バネ台車の研究は1954

4-4 台車

年頃から汽車が手がけてきたもので、アメリカの長距離バスの空気バネが開発のきっかけであったのは有名な逸話である。

当初は軸バネに空気バネを試用して開発が進められたが、軸バネでの効果が薄いことから、大型のゴムベローズを開発。1957年6月に枕バネを空気バネとするKS-51形台車が完成、高い評価を得ていた。

本系列では、先にモハ90系電車で試作したDT21Y形台車に改良を加えたDT23形（電動台車）とTR58形（付随台車）を採用、台車枠は軽量化のため6mm厚の自動車用圧延鋼板をプレス加工し、溶接組み立てとした。枕バネは直径500mmの三山ゴムベ

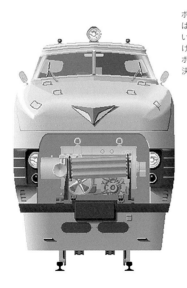
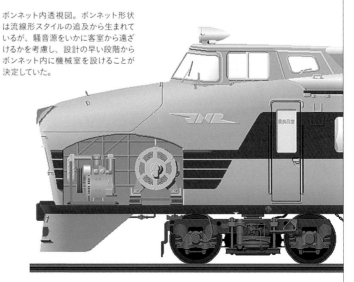

ボンネット内透視図。ボンネット形状は流線形スタイルの追求から生まれているが、騒音源をいかに客室から遠ざけるかを考慮し、設計の早い段階からボンネット内に機械室を設けることが決定していた。

サハ150形のTR58形台車に装着されたディスクブレーキ。
1959年12月6日　田町電車区
写真／宮地 元（RGG）

ローズで中間に鋼鉄製リングを2個はさみ、ゴムは二相構造とし、さらにナイロンコードで補強されたものを使用している。

　空気バネの高さは自動調整弁により行い、パンクの検出にはマイクロスイッチが使われた。さらに空気バネの乗り心地改善のためオイルダンパおよびアンチローリング装置が設けられたほか、牽引力伝達のためにボルスタアンカを使用、揺れ枕吊の支持方式は摩耗減少を目的にナイフエッジ式とした。

4 - 5
ブレーキ装置

　基礎ブレーキ装置はモハ90系で採用されたSELD電磁直通ブレーキを基本とし、ブレーキ力応荷重調整装置は省略し、ブレーキ率速度制御装置を付加したSEBD形発電ブレーキ併用電磁直通ブレーキである。電動車については発電ブレーキを常用するが、高速域から空気ブレーキを常用する付随車においては熱容量の大きいディスクブレーキが不可欠であり、TR58形付随台車には、国鉄では初めてのディスクブレーキを採用している。川車の研究成果が活かされた形で、本系列では2枚ディスクの方式がとられた。

　一方電動車においては従来の両抱き式踏面ブレーキとしたが、高速域での摩擦係数が低下する鋳鉄制輪子に代えてウェスティングハウス社製のコブラ制輪子を採用した。

　合成制輪子の開発は曙産業株式会社によって進められており、コブラ制輪子は営業運転開始後間もなく国産のレジン制輪子に取り替えられている。

5
改造

　1958年製車両に関して、各形式共通の改造について改造年次順に記す。

❶ 1959年2〜6月
1958年11月1日の営業運転開始後、改良の必要な各所の改造が行われた。
■ サロを除く各車の連結面に車端ダンパを設置
■ ユニットクーラー1基ごとに単独操作ボタンを追設
■ 3等車のカーテン取り替え
■ 減流抵抗器の別途設置と主抵抗器の実質的な容量増大

❷ 1960年2〜5月
1959年製・1960年製の2次車に合わせる改造が行われた。
■ 客室端部の換気改善のため、2次車と同様の排気送風機を追設した（モハシのビュフェ側を除く）
■ 幌を内外とも2次車に合わせてジッパー式に変更
■ 3等車座席の背面テーブルを外付け式の頑丈なものに交換
■ 台車のパンク検知マイクロスイッチを差圧弁に変更した

❸ 1961年8〜9月
従来から故障の多かった走行装置関係の改造が行われた。
■ 主抵抗器を1961年製（3次車）と同様のMR35形に変更
■ 主電動機の冷却風を取り込むたわみ風道を妻面に追設

❹ 1962年
外幌の撤去、サロ151形の行先札差を出入台寄りに移設。

❺ 1964年
全車の台車について、順次台車枠の強化と車軸の中実軸化を図ったDT23Z形、TR58Z形に交換した。

❻ 1964〜65年
休車指定のサロ151-6を除く全車について出力増大改造、181系への形式変更が行われた。番号は車種改造を行ったモハ180-56を除いて元番号が踏襲された。サロ151形から直接サハ181形に改造された2両も番号は元番号のままであった。

Ⅱ 1959年製車（2次車）

1 増備の背景

　1958年11月1日に颯爽とデビューした国鉄初の電車特急「こだま」の人気は絶大で、指定券の入手は困難を極める大盛況であった。これは、ナハ20系客車と共に、これまでの国鉄車両とは一線を画す接客設備を持ち、特急としては異例の早朝発、深夜着の2往復体制ではあったが、当時の東海道本線利用客に見事に受け入れられたことを意味する。しかも「つばめ」「はと」の利用率は低下しておらず、新たな需要が喚起されたことも明確になった。

　しかし、展望車を従えた古き良き時代の客車特急との格差は、設備、到達時間共に歴然としてしまっただけでなく、肝心の特急のシンボルである展望車自体の老朽化が問題になっていた。1958年10月には、「こだま」営業運転開始を前に早々と「つばめ」「はと」の車両置き換えが検討開始され、1955年に超特急が計画された頃とは形勢が全く逆転し、電車による置き換えも当然のことのように俎上（そじょう）に上ることとなった。

　各メーカーからは、看板列車にふさわしいビスタドーム方式の一等車やスキンステンレス車体の提案などが相次ぎ、早々に「つばめ」「はと」置き換え用の電車を新製することが決定された。

2 看板特急の編成のあり方

　「つばめ」「はと」の電車化に際しては、標準化の観点からは「こだま」の編成をそのままに使うのが最も効率的ではあった。しかしながら、当時の国鉄の看板列車である東海道本線の特急「つばめ」「はと」のステータスは、現在では全く想像を絶するほどの高さであり、これの置き換えにビジネス特急の編成をそのまま使うなど論外であった。となれば、使用車両を別形式の特急専用電車とするか、「こだま」と同一形態・同一性能の車両に特急としてふさわしい設備を持たせた上で増備するかの二者

国鉄151系

上り「第2こだま」の最後部運転台から捉えた下り「はと」。1959年8月10日　写真／辻阪昭浩

表2　共通編成案1　Tscは一般2等車

←大阪	①	②	③	④	⑤	⑥	⑦	⑧	⑨	⑩	⑪	⑫	東京→
	Tsc	Ms	M's	Ts	Td	M'b	M	T	T	M'	M	Tc	

表3　共通編成案2　Tfcはパーラーカー（1等車を想定）

←大阪	①	②	③	④	⑤	⑥	⑦	⑧	⑨	⑩	⑪	⑫	東京→
	Tfc	Ms	M's	Ts	Ts	Td	M'b	M	T	M'	M	Tc	

表4　別編成案　「つばめ」編成は共通編成案2と同一

←大阪	①	②	③	④	⑤	⑥	⑦	⑧	⑨	⑩	⑪	⑫	東京→
つばめ	Tfc	Ms	M's	Ts	Ts	Td	M'	M	T	M'	M	Tc	
こだま	Tc	M	M'b	T	M	M'b	Ts	Ts	T	M'b	M	Tc	

表5　予備車2両を増結した10両編成

←大阪	①	②	③	④	⑤	増⑥	増⑦	⑥	⑦	⑧	東京→
	Tc	M	M'b	Ts	Ts	M'b	M	M'b	M	Tc	

択一に帰結するわけで、車両については標準化の観点から後者で進められた。

残る焦点は「こだま」を共通編成にして、運用も共通化（表2・3）するか、それとも別編成とし、一部車両の共用（表4）を図るかに絞られた。最終的には現行「こだま」を含めて表3の「共通編成案2」の同一12両編成とし、共通運用とすることが決定した。従って「ビジネス特急」の名称は「つばめ」「はと」電車化の時点で、名実ともに発展的に解消することとなった。

一方、「こだま」の特急券入手難は続き、1958年の年末には運転開始2カ月足らずで早くも予備車2両の増結を行って10両編成（表5）の101T・102Tが運転され、1959年のゴールデンウィークにも同様の措置がとられた。

1959年秋には翌年の「つばめ」「はと」電車化用の増備車を早期落成させ、「こだま」の12両化を実施することになり、ここに2次車が誕生することになる。

2-1 形式および編成

今回の増備にあたっては、1960年5月までの暫定12両編成組成に必要な中間車、モロ151形、モロ150形、サハ150形の3形式12両が製造された。モロ151形・モロ150形のユニットは奇数番号車のみ3ユニットを先行製作、サハ150形は6両が製造され、メーカーは1次車と同じ3社が受注している。

編成は表6の通りで、2等車をビュフェではさむスタイルは崩れたが、2等車が4両並ぶ編成となった。

編成定員は2等208人、3等464人の計672人となり、151系の列車では最大となった。1959年12月6日から13日にかけて順次編成変更が行われ、1960年5月31日までこの編成で運転された。

モロ151形・モロ150形とサハ150形を組み込み、12両編成となった「こだま」。写真／辻阪昭浩

表6　暫定12両編成の編成図と車両番号

メーカー	編成番号	① Tc	② M	③ M'b	④ Ms	⑤ M's	⑥ Ts	⑦ Ts	⑧ T'	⑨ T'	⑩ M'b	⑪ M	⑫ Tc	編成番号	メーカー
川車	B2	2	2	2	1	1	2	1	1	2	1	1	1	B1	川車
近車	B4	4	4	4	3	3	4	3	3	4	3	3	3	B3	近車
汽車	B6	6	6	6	5	5	6	5	5	6	5	5	5	B5	汽車

太字は今回増備車

ユニットクーラーカバーは、裾（矢印部分）の形状が変更された。

③ 車体構造

車体構造は基本的に1次車と同様である。浮床構造は実際の防音・防振効果が確認できたことから、今回の増備車全車の客室部分に採用された。

1次車のクハを除く各車に設けられていた非常用下降窓は、空気チューブからの空気漏れ等が問題になり、2次車では、窓を固定化する代わりに腰板部分に非常口を設けた。

非常口の客室側にあるハンドルを回してロックを外し、非常口の下部を外に押し出すことで腰板部分が垂直に降下し、開口部が現れる構造で、客室妻板下部にあるアルミ製ハシゴを掛けて脱出するように改められている。この腰板部分の非常口の構造は交直両用特急形電車にも受け継がれた。

戸閉め機械はシリンダー径を大型化したTK100A形に変更し、作動の安定化を図っている。

③-1 空調装置・換気装置

ユニットクーラーは、1次車においてカバー上部から取り入れた外気を室内に吹き出す際に、隣の天井グリルの冷却風取り入れ口と短絡してしまい十分な換気が得られなかったことから、新鮮外気を風道経由で、天井グリルから吹き出す方式に改めた。

冬期は冷たい外気が直接吹き出さないように、吹出口に小型発熱体を設けたほか、圧縮機等の天地寸法を縮め、形式もAU12形に改められている。これらの変更に伴い、ユニットクーラーカバーの裾部分が屋根に対し直角に曲げられている。

また、客室両端の換気扇を取り止め、車端部屋根上に新たに取り付けた排気送風機により、客室内の汚れた空気を、客室仕切扉上部の整風板から吸い出すように改良している。

サハ150形の前位寄りは、客室仕切扉と貫通扉を共用しているため、客室天井に吸い出し用のスリットが設けられた。

客室中央部の換気については、室内蛍光灯の位置にガーランド式通風器を点対称に1車両につき2カ所設けて対応した。この通風器は一般客車に使われているガーランド式通風器を縦に半分にした形状で、その形から「T字形ベンチレーター」とも呼ばれている。

モロ181-1の非常脱出口

非常脱出口を開けると、イラストのようになる

新たに設けられた排気送風機。カマボコ形のカバーが付けられ、右側のダクトから室内気が排出される。クハ181-1（川崎車両保存車）

近代的な車両とガーランドベンチレーターの組み合わせがおもしろい。

1次車に追設された車端ダンパ。妻板に台座を介して取り付けられている。クハ181-1（川崎車両保存車）

布製袋になったR-17形腰掛背面。シートラジオと袋内側に二重になったビニール製袋を撤去後の撮影。

3-2 外幌・妻板

外幌は従来の1枚ものでは、分割併合作業の際に面倒であったことから、川車で改良を加え、外幌1列、内幌2列のジッパー式の幌を開発、これに改められた。

車端妻板には、1958年製車に改造で取り付けたものと同様の横揺れ防止の油圧ダンパ（YD2形）が新製時から取り付けられている。これは車体の動揺による連結面間の偏倚を油圧ダンパにより最小限に抑えるもので、ナハ20系固定編成客車で効果が認められ本系列にも採用、今回から取付位置が2・3位側に統一された。

車両番号は、形式称号規定改正後の本系列初備車であり、ステンレスの切り抜き文字を晴れて直接車体に取り付けている。

サハ180-24とモロ180-2の車端油圧ダンパの接続状況。赤矢印の本体から出たレバーに黄矢印のロッドをつなぐ。

4 客室設備

室内は換気設備の大幅な改良に伴い、蛍光灯照明の中間に通風用グリルが付き、客室妻部仕切扉上のルーバー形状も換気扇廃止に伴い変更されている。冷房の室内側吹出口は張り出しを5cmに半減し、丸型基調のデザインに変更、4段切り替えスイッチと換気レバーを設けた。

客室との仕切引戸は開放状態になってしまわないように、油圧式のドアチェックが取り付けられた。

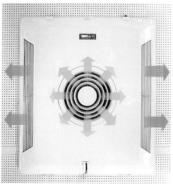

AU12形クーラーの室内側吹出口（上）と空気の流れ（下）。水色は冷風、桃色は温風（冬期）。冷房使用時は室内気吸込みとなる。

4-1 腰掛

2等車のR-17形腰掛は、破損しやすかった背ずりのビニール袋を、シートモケットと同じ柄の布製袋とビニール製内袋の二重に強化。また消毒に手間のかかったシートラジオのイヤホンは耳に掛けるタイプに変更され、収納袋をやめ、収納箱に掛ける方式に改めた。

3等車の腰掛は背ずり埋込み式の背面テーブルを、強度の観点から外付けに変更したT-17A形に改め、合わせて座席番号の付け方も変更している。

4-2 化粧板

便所・洗面所の化粧板はクリスタル模様のものに変更され、便所使用知らせ灯は乳白色の丸形に変わっている。

また2等車の冷水器も3等車同様、洗面所に設置となった。

便所、洗面所に使用されたクリスタル模様の化粧板

国鉄151系

以後の特急車のスタンダードタイプとなった丸形乳白色便所使用知らせ灯。昭和34年の汽車会社銘板と開き戸上部の排気送風機用整風板の様子もよくわかる。

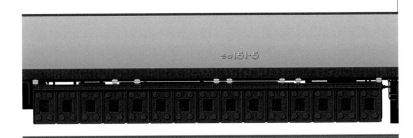

モロ151形のMR30形主抵抗器イラスト。1次車に比べ箱数を増やし、15箱として容量の増大を図ったが、後にさらなる容量増大と接地事故対策が施されていく。

⑤ 走行装置・機器類

走行装置は、基本的に大きな変更はないが、パンタグラフを153系と同じPS16形に変更したほか、容量に問題のあった主抵抗器をMR30形15箱に強化、電動車に事故表示車側灯を設けた。主電動機の通風は、雨水の侵入によるトラブルが多かった点検蓋からの冷却方式をやめ、車端妻板に設けた通風用ダクトからたわみ風道で主電動機へ通風する方法に変更した。また、予備励磁装置は廃止された。

台車は、揺れ枕吊の支持をナイフエッジ式から、普通の丸ピン式に変更し、パンク検出装置も差圧弁式に変更している。床下は台車も含め黒色塗装とした。

各形式共通の改造については、1958年製（1次車）の改造④⑤と同様の改造が同時期に行われた。

出力増大改造、181系への形式変更は1964年から1965年にかけ全車に対し行われ、番号は元番号を踏襲した。

モロの車端部に設けられた、たわみ風道。これもその後の特急形電車の定番アイテムになっていく。

⑥ 改造

各形式共通の改造については、1958年製（1次車）の改造④⑤と同様の改造が同時期に行われた。

出力増大改造、181系への形式変更は1964年から1965年にかけ全車に対し行われ、番号は元番号を踏襲した。

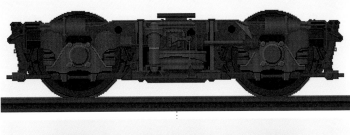

2次車のDT23形（上）およびTR58形（下）のイラスト。揺れ枕吊の方式が丸ピン式に改められているが、台車形式はDT23形、TR58形のまま変わらなかった。

国鉄151系

Ⅲ 1960年製車（2次車）

「つばめ」「はと」電車化を1週間後に控えた上り「第1こだま」。前年12月から変更された12連であるが、最後尾のクハ151-4は増備車に合わせた改造が行われている。1960年5月25日　写真／辻阪昭浩

1 増備の背景

1960年6月1日、伝統の客車特急「つばめ」「はと」がついに電車化、先の「Ⅱ 1959年製車（2次車）」の項でも述べたごとく「こだま」と共通の特別座席車および食堂車付きの12両編成6本で4往復の運転を行うこととなり、1959年に先行製作された3形式12両に続き、新たな4形式を加えた7形式36両が増備された。

この編成変更に伴い、151系の形式数は実に11形式を数え、モハ151形の番台区分を含めると、12両編成すべての形態が異なるという、趣味者から見れば興味の尽きないことながら、運用・保守の効率上は、極めて好ましくない状態に至ってしまった。

1958年の「こだま」運転開始時は4形式のみとし、サロの回送運転台側を両栓構造とすることにより、4両単位を背中合わせに連結・運用するという、非常に効率的かつ弾力的な使い方ができていた。それからわずか1年半、国鉄の看板列車に使用されるという栄光の座を射止めることと引き換えに、標準化と効率化の側面では後退を余儀なくされたのも事実であった。

2 形式および編成

今回の増備は、客車展望車に代わる新形式クロ151形パーラーカーおよび国鉄電車初の本格的食堂車サシ151形のほか、モハ150形、サロ150形の新形式とモロ151形、モロ150形、モハ151形の追加増備が行われた。

モロ151形・モロ150形のユニットは偶数番号車のみ3ユニット、残る5形式は各6両が製造され、今までと同じく下一桁の1・2が川車、3・4が近車、5・6が汽車とメーカーにより番号を振り分け、3社が受注している。

編成は大阪方からTsc＋Ms＋M's＋T's＋Ts＋Td＋M'b＋M＋T'＋M'＋M＋Tcとし、大阪寄りに2等車を集め、食堂車とビュフェをはさんで3等車が並ぶ編成となった（表7）。編成定員は2等226人、3等372人の計598人である。

2-1 編成の組替え作業

編成変更は大変な作業となるため、事前に72両分すべての模型を作成し、綿密な計画が練られた。

当初、新製のモハ151-10番台は、モハシ150形とユニットを組ませ、8号車に組み込む計画であったが、永久連結が前提の電動車ユニットをバラすという作業が、一晩に4編成の編成替えを行う現場では負担が大きい

表7　12両編成の編成図と車両番号　　　　　　　　太字は今回増備車

編成番号	① Tsc	② Ms	③ M's	④ T's	⑤ Ts	⑥ Td	⑦ M'b	⑧ M	⑨ T'	⑩ M'	⑪ M	⑫ Tc	メーカー
特1	**1**	**1**	**1**	**1**	1	**1**	1	1	1	**1**	11	1	川車
特2	**2**	**2**	**2**	**2**	2	**2**	2	2	2	**2**	12	2	川車
特3	**3**	**3**	**3**	**3**	3	**3**	3	3	3	**3**	13	3	近車
特4	**4**	**4**	**4**	**4**	4	**4**	4	4	4	**4**	14	4	近車
特5	**5**	**5**	**5**	**5**	5	**5**	5	5	5	**5**	15	5	汽車
特6	**6**	**6**	**6**	**6**	6	**6**	6	6	6	**6**	16	6	汽車

←大阪　　　　　東京→

表8　B1・B2編成から特1・特2編成への組み替え過程

① 変更前のB1・B2編成（表中の斜体は方向転換が必要な車）

←大阪

編成番号	①	②	③	④	⑤	⑥	⑦	⑧	⑨	⑩	⑪	⑫	編成番号
	Tc	M	M'b	Ms	M's	Ts	Ts	T'	T'	M'b	M	Tc	
B2	*2*	*2*	*2*	1	1	2	*1*	1	2	1	1	1	B1

東京→

② メーカーより回送、慣らし運転を行った新製車両編成（表中の斜体は方向転換が必要な車）

←大阪

Tsc	Ms	M's	T's	T	Td	Td	M'	M	M'	M	Tsc
2	2	2	2	1	2	1	2	12	1	11	*1*

東京→

③ 上記①②のうち斜体の車の方向転換編成（赤数字は新編成の号車番号）

①	②	③	⑦	
Tc	M	M'b	Ts	Tsc
2	*2*	*2*	*1*	*1*

蛇窪三角線にて方向転換→

①	⑤	⑦	⑧	⑫
Tsc	Ts	M'b	M	Tc
1	*1*	*2*	*2*	*2*

④ 上記①の方向転換不要の8両と②の東京寄りクロ151形を除く11両、③の方向転換済み5両を再組成し、新編成特1・特2を組成（表中の斜体は方向転換車）

←大阪

編成番号	①	②	③	④	⑤	⑥	⑦	⑧	⑨	⑩	⑪	⑫
	Tsc	Ms	M's	T's	Ts	Td	M'b	M	T'	M'	M	Tc
特1	*1*	1	1	1	*1*	1	1	1	1	1	11	1
特2	2	2	2	2	2	2	*2*	*2*	2	2	12	*2*

東京→

との判断から、メーカーからの回送組成のまま11号車に組み込むことに変更した。

　5月29日、予備編成を使って事前に組成を終えた2編成は30日に試運転の後、5月31日に1本を大阪に回送、もう1本を103T下り「第2こだま」で西下させ、6月1日の上り列車充当に備えている。従って、パーラーカーを組み込んだ新編成での最初の営業列車は、実は改正前日の下り「第2こだま」ということになる。

　1960年5月31日の104T上り「第1こだま」の入庫から編成の分割、方向転換、編成替え、試運転という作業が田町電車区総動員で行われ、翌朝まで14時間を費やした徹夜の作業により、新編成4本が無事組成を完了したのである。

　表8に旧B1・B2編成から特1・特2編成に組み直す過程を示す。

③ 主な変更点

　車体構造、接客設備、走行装置はいずれも「Ⅱ1959年製車（2次車）」と同様で、各形式に共通する特記すべき変更点はない。

　本書においては、1959年製車については予算区分は異なるものの、あくまでも1960年製車の先行落成車との位置付けから、どちらも2次車として取り扱う。

　なお、等級改正が7月1日より実施され、従来の2等が1等に、3等が2等となったため、「1」の等級表示は箱形のフタを「2」の上からネジ止めする措置がとられている

④ 改造

　1960年製車における各形式共通の改造について改造年次順に記す。

❶ 1962年
外幌の撤去、1等中間車の行先札差を、出入台寄りに移設。

❷ 1964年
全車の台車について、順次台車枠の強化を図ったDT23Z形、TR58Z形に交換した。

❸ 1964〜65年
休車指定のサロ150-2を除く全車について出力増大改造、181系への形式変更が行われた。番号は車種改造を行ったクハ181-53、56を除いて元番号が踏襲された。

東京駅での出発式を終え、一路大阪を目指すクロ151-2を先頭にした電車化初日の「第1つばめ」。品川　1960年6月1日　写真／米原晟介

Ⅳ 1961年製車（3次車）

大阪駅のキハ82系「みどり」（左）と151系「第1こだま」。大阪駅で10分の接続、その日のうちに博多へ到着が可能となった、全国特急網整備の象徴的な一コマである。写真／辻阪昭浩

1 増備の背景

「もはや戦後ではない」といわれた1956年からわずか3年ほどで、日本経済は目覚ましい成長を続け、これに伴う輸送需要の伸びに対し、国鉄は1961年10月に全国規模の白紙ダイヤ改正を行うことで輸送力増強と近代化をさらに進めた。

改正にあたって、全国に気動車を主体とした特急網を整備するとともに、特に輸送需要のひっ迫が顕著な東海道本線においては昼行電車特急を4往復から一気に倍の8往復とする大増発が行われた。

このダイヤ改正により、単純計算では改正前の倍の数の151系が必要となる計算であったが、サロ1両を減車した11両編成とすることで、増備の必要な車両数を予備車を含め56両とした。

2 形式および編成

今回の増備は、モロ151・150形、モハ151・150形、モハシ150形、クロ151形、クハ151形、サハ150形、サシ151形の9形式で、内訳はモハ151形が12両、それ以外の電動車が各6両、制御車、付随車が各5両、計56両である。

編成は1960年6月の編成からサロ1両を抜いた表9のとおりの11両編成とし、大阪寄りに1等車を集め、食堂車とビュフェをはさんで2等車が並ぶ構成に変更はなかった。編成定員は1等174人、2等372人の計546人である。

なお走行距離調整・点検・入場の関係で差し替えは随時行われ、各編成は完全固定編成ではない。

3 車体構造

東海道本線の輸送ひっ迫の切り札として新幹線建設が進み、3年後の1964年の東京オリンピック開催を目処に新幹線開業が視野に入った時期であり、151系についても転用を前提として、交直両用車への改造が容易になるようM′車の主変圧器、主整流器取付部分の台枠が強化された。

当時「黄害」として問題になっていた便所の汚物処理についても、交直両用近郊形電車である程度の使用実績が確認できたことで、粉砕式汚物処理装置が設置された。

また2等車の側窓については、複層ガラスの内側ガラスを並ガラスに変更している。

粉砕式汚物処理装置。最終的な対策としてはタンク式が望ましかったが、車両基地側の大規模な整備が必要であり、導入は見送られた。

4 客室設備

冷房の室内側吹出口について、従来型は通路側乗客へ直接冷風が当たることから、クロ151形、サシ151形とモハシ150形のビュフェ部分を除いて、再度形状の変更が行われた。線路方向に2本の帯状の飾りを兼ねた吸込口を設け、冷風の吹出口を天井に沿って枕木方向に吹き出す方式となった。

表9　11両編成の編成図と車両番号

編成番号	① Tsc	② Ms	③ M's	④ Ts	T's	⑤ Td	⑥ M'b	⑦ M	⑧ T'	⑨ M'	⑩ M	⑪ Tc
特1	1	1	1	1		1	1	1	1	1	11	1
特2	2	2	2	2		2	2	2	2	2	12	2
特3	3	3	3	3		3	3	3	3	3	13	3
特4	4	4	4	4		4	4	4	4	4	14	4
特5	5	5	5	5		5	5	5	5	5	15	5
特6	6	6	6	6		6	6	6	6	6	16	6
特7	7	7	7		1	7	7	18	7	7	17	7
特8	9	8	8		2	8	9	21	8	8	20	8
特9	8	9	9		3	9	10	23	9	9	22	9
特10	10	10	10		4	10	11	25	10	10	24	10
特11	11	11	11		5	11	12	28	11	11	26	11
予備		12	12		6		8	19		12	27	

←大阪　　　　東京→

1等車のシートラジオは選局箱の改良とコードの取り付けを差込式に変更した。

客室仕切の開き戸は、ハンドルを斜めにし位置を高くしたほか、押す側はハンドルから黒の樹脂製板に変更した。

形状が変更された吹出口。以後の AU12 形の標準的な吹出口となった。

冷風と室内の暖まった空気の流れが、従来の吹出口とは逆になった。

変更された仕切り開き戸のハンドルとプラスチック製の押し板

5 走行装置・機器類

走行装置は、将来の交直両用改造を視野に、心臓部にあたる主電動機を脈流対策を施した MT46A 形に変更した。また東京〜大阪間6時間30分運転開始以来、主抵抗器の熱容量不足に起因するトラブルが多く発生しており、主抵抗器を16箱の MR35 形に変更し、関ケ原付近の冬季雪害対策として、主抵抗器、補助抵抗器に耐雪カバーを設置した。

台車は、保守作業の軽減を図る目的で、空気バネベローズの取付方法をセルフシール型に変更、強度向上のため、上揺れ枕の補助空気室分割方式を上下分割式から左右分割式に変更し、台車形式も DT23A 形、TR58A 形に改めた。

モハ151形の MR35 形主抵抗器のイラスト。1958 年製のモハ151形は1961 年8月から9月にかけて MR35 形に交換された。

6 改造

1961年製車における各形式共通の改造について改造年次順に記す。

❶ 1962年

外幌の撤去、1等中間車の行先札差を、出入台寄りに移設

❷ 1964年

全車の台車について、順次台車枠の強化を図った DT23Z 形、TR58Z 形に交換した。

❸ 1964〜65年

全車について出力増大改造、181系への形式変更が行われた。番号は車種改造を行ったモハ180-58、59を除いて元番号が踏襲された。

Ⅴ 1962年製車（4次車）

1 増備の背景

東海道本線全線電化から5年半経った1962年6月、山陽本線広島までの電化が完成。花形特急151系も運転区間を広島まで延長、下り「第1つばめ」と上り「第2つばめ」が東京〜広島間を11時間10分で結ぶこととなった。途中には西の箱根といわれた瀬野〜八本松間の急勾配区間（通称セノハチ）があり、6M5Tの151系での自力登坂は断念せざるを得なかった。上り列車は広島から最後尾にEF61形電気機関車を連結、八本松まで押し上げたのち走行開放する運転形態がとられた。この改正により、特急編成を1編成増備することとなり、田町区の特急編成は12編成体制となった。

2 形式および編成

今回の増備は、サロ151形を除く10形式で、内訳はモハ151形が2両、それ以外各形式が1両ずつの計11両である。翌年増備されたサハ150形を除く9形式が151系として製造された最終増備車となった（表10）。

編成は1961年10月以降の特7〜特11と同一の組成とし、特12の編成番号が付与された。なお、特12は増備車落成当時の基本的な編成である。

3 車体構造

1958年製1次車から、試行錯誤と改良を重ねてきた外幌がついに廃止された。すでに田町電車区では特別な存在として少数の車両を虎の子のように保守点検する体制からかけ離れ、当初の5倍以上の車両を日常的に点検整備し、入場出場による編成変更作業を行う状況にあった。外幌はこれらのメンテナンスには不向きとなってしまった。

また、AU12形クーラーのコンプレッサーをレシプロ式からロータリー式に変更した。

このほか、1等中間車の行先札差を出入台からの交換が可能な位置に変更した。

モハ181-30のパンタ付近。外幌が廃止となったため、屋根布押さえの形状が変わっている。また避雷器は当初からLA15形となった。

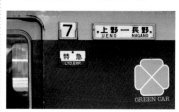

位置が変更された1等車の行先札差。
サロ180−11

4 客室設備

季節の境に、AU12形クーラーを列車の運転中に冷房と暖房を切り替える必要が生じていたので、冷暖房切り替えを扱いやすい構造に変更した。

5 走行装置・機器類

避雷器をLA13形からLA15形に変更した。電動車の台車について、従来から台車枠に使用していた6mm厚自動車用圧延鋼板を9mm厚一般構造用圧延鋼板に変更したDT23B形が採用された。

6 改造

1964〜65年

全車について出力増大改造、181系への形式変更が行われた。番号は元番号が踏襲された。

表10　1962年に新製された特12編成

編成番号	①	②	③	④	⑤	⑥	⑦	⑧	⑨	⑩	⑪	
←大阪	Tsc	Ms	M's	T's	Td	M'b	M	T'	M'	M	Tc	東京→
特12	12	13	13	*11*	12	13	30	12	13	29	12	

上り広島「つばめ」の1番列車。
1962年6月10日
写真／児島眞雄

Ⅵ 1963年製車（5次車）

1 増備の背景

東海道本線の輸送需要は、東海道新幹線開業まであと1年となっても増大が続き、1963年10月のダイヤ改正から、東海道本線特急電車を再び12両とすることとなった。

従来の11両編成にサハ150形を1両増結し12両編成とするため、サハ150形が12両増備された。

2 形式および編成

今回の増備は、151系の最終増備車となり、151系は系列名と同じ151両を擁するに至った。

編成は表11の通りで、8号車に今回の増備車を挿入、元の8号車以降を1号車ずつ繰り下げた。編成定員は1等174人、2等444人の計618人となり、パーラーカー連結後の最大定員となった。

なお、走行距離調整・点検・入場の関係で差し替えは随時行われ、各編成は完全固定編成ではない。

また、今回の増備車の車体構造・客室設備・走行装置に変更点はない。

3 改造

1964〜65年

全車について出力増大対応改造、サハ180形への形式変更が行われた。番号は元番号が踏襲された。

国鉄151系

表11　1963年製車を組み込んだ12両編成と車両番号　　　　太字は今回増備車

編成番号	① Tsc	② Ms	③ M's	④ Ts	T's	⑤ Td	⑥ M'b	⑦ M	⑧ T'	⑨ T'	⑩ M'	⑪ M	⑫ Tc
特1	1	1	1	1		1	1	1	**13**	1	1	11	1
特2	2	2	2	2		2	2	2	**14**	2	2	12	2
特3	3	3	3	3		3	3	3	**15**	3	3	13	3
特4	4	4	4	4		4	4	4	**16**	4	4	14	4
特5	5	5	5	5		5	5	5	**17**	5	5	15	5
特6	6	6	6	6		6	6	6	**18**	6	6	16	6
特7	7	7	7		1	7	7	18	**19**	7	7	17	7
特8	9	8	8		2	8	9	21	**20**	8	8	20	8
特9	8	9	9		3	9	10	23	**21**	9	9	22	9
特10	10	10	10		4	10	11	25	**22**	10	10	24	10
特11	11	11	11		5	11	12	28	**23**	11	11	26	11
特12	12	13	13	11		12	13	30	**24**	12	13	29	12
予備		12	12		6			19			12	27	

←大阪　　　　　　　　　　　　　　　　　　　　　　　　　　東京→

161系概説

はじめに

161系は、1962年6月の新潟電化に際し登場した電車特急「とき」専用として製作された151系の弟分のような存在である。

157系の主回路・走行装置に151系の車体を組み合わせて161系を名乗り、モロ161形、モロ160形、モハ161形、モハ160形、クハ161形、サシ161形の6形式15両の小世帯であった。

1965年から主電動機の出力増大改造を行い系列も181系40番台に改め、151系改造車と181系新製車と混用され、1986年までに全車廃車となっている。

本書では151系の派生系列として、製造時の特徴を中心に概略を解説するにとどめる。

落成試運転に臨む161系。1962年5月　写真／米原晟介

国鉄151系

■1 形式および編成

161系は先に述べたとおり、モロ161形、モロ160形、モハ161形、モハ160形、クハ161形、サシ161形の6形式15両で構成されている。151系のように当初ビジネス特急として設計され、後に国鉄の看板特急に抜擢、次々と形式数を増やしていったのとは異なり、当初から明確なコンセプトの下に製作されたことがこのような形式数となっている。

編成は表12の9両で、同系特急車を扱う田町電車区配属とした。当初は1往復であったため、朝8時30分に上り「とき」として新潟を出発し、上野に12時10分に到着後田町区に回送、点検整備のあと16時ごろまで

表12　161系落成時の編成

←上野	①	②	③	④	⑤	⑥	⑦	⑧	⑨	新潟→
	Tc	Ms	M's	Td	M'	M	M'	M	Tc	

田町電車区で151系「おおとり」(左)と並ぶ161系「とき」。1962年7月1日　写真／辻阪昭浩

田町区で休み、上野16時50分発下り「とき」で新潟へ戻る運用であった。田町では類似の運用であった名古屋特急「おおとり」の151系と仲良く並ぶ姿が見られた。

2 車体構造

　車体構造は、151系1961年製車（3次車）に準じたものとなっているが、151系と異なり豪雪地帯を走行することから耐寒耐雪構造としている。床下機器には耐雪カバーを取り付け、空気管、警笛、配水管には電気ジャケット、客用側扉にはレールヒーターが取り付けられた。クハ161形の先頭台車にはスノープロウが付けられ、スカートも雪塊等による損傷防止の観点からステップ位置まで短くなった。

　また、外幌は設けず、1等車の行先札差の位置やAU12形クーラーコンプレッサーのロータリー化などは151系1962年製車（4次車）と同様の仕様とされた。

　151系との区別と降雪時の視認性向上を目的に、ボンネット前面に赤色2号の160mm幅の帯が入れられた。

　汚物粉砕処理装置取付は、冬季の凍結を考慮し見送られた。

雪の小出駅を通過する161系「とき」。1962年12月24日　写真／辻阪昭浩

3 客室設備

　1等車のシートは背面の収納袋をネット式に改め、折り畳みテーブルは肘掛部分の鞘に収納する外付けタイプとしたR-24形となった。また、シートラジオは、山岳部での電波状態を考慮し設置されなかった。

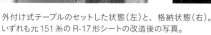

外付け式テーブルのセットした状態（左）と、格納状態（右）。
いずれも元151系のR-17形シートの改造後の写真。

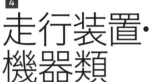

空気バネの自動高さ調整弁に耐雪カバーの付いたモロ181-41のDT23形台車。

④ 走行装置・機器類

走行装置、主回路システムは基本的に157系と同様の仕様となり、抑速発電ブレーキを備え、歯数比も157系と同じ4.21とした。

主抵抗器も雪害を考慮した強制通風式のMR22A形を取り付けた。

台車については、DT23B形とTR58A形の空気バネ自動高さ調整弁に耐雪カバーを取り付けたDT23C形およびTR58B形が採用された。

⑤ 改造

1965年から、151系同様の出力増強改造が施され、主電動機はMT54形、主制御器はCS15B形に変更、主抵抗器も主電動機の容量増に合わせMR78形に交換、歯数比は3.50に変更され、181系への形式変更が行われた。

番号は、元番号＋40とし、181系40番台となった。当時の番台区分は、モハ151形やサロ150形に10番台が存在したように、今日のようなインフレナンバーではなく10番台刻みであった。151系の中で最大のナンバーがモハ151-30であったことから、161系改造車を40番台、151系からの車種改造車を50番台としたのである。

161系として発注され、1965年1月に181系として落成したクハ181-44・45、サシ181-43については181系概説にて取り上げる。

181系に改造後、クハ181-42を先頭にした「とき」。
長岡　1974年10月29日

161系　車歴表

モロ161-1	('65-6大井)	モロ181-41	モハ160-1	('65-6大井)	モハ180-41
('62-5汽車)		'78-8-14　廃車	('62-5汽車)		'86-3-10　廃車
モロ161-2	('65-5大井)	モロ181-42	モハ160-2	('65-6大井)	モハ180-42
('62-4近車)		'78-8-14　廃車	('62-5汽車)		'82-9-16　廃車
モロ160-1	('65-6大井)	モロ180-41	モハ160-3	('65-5大井)	モハ180-43
('62-5汽車)		'78-8-14　廃車	('62-4近車)		'78-6-14　廃車
モロ160-2	('65-5大井)	モロ180-42	クハ161-1	('65-6大井)	クハ181-41
('62-4近車)		'78-8-14　廃車	('62-5汽車)		75-11-10　廃車
モハ161-1	('65-6大井)	モハ181-41	クハ161-2	('65-6大井)	クハ181-42
('62-5汽車)		'86-3-10　廃車	('62-5汽車)		'76-5-12　廃車
モハ161-2	('65-6大井)	モハ181-42	クハ161-3	('65-5大井)	クハ181-43
('62-5汽車)		'82-9-16　廃車	('62-4近車)		'76-5-12　廃車
モハ161-3	('65-5大井)	モハ181-43	サシ161-1	('65-6大井)	サシ181-41
('62-4近車)		'82-10-23　廃車	('62-5汽車)		'78-7-24　廃車
			サシ161-2	('65-5大井)	サシ181-42
			('62-4近車)		'78-8-14　廃車

181系概説

はじめに

181系は、出力増強を行った151系および161系を統合して生まれた系列で、直流特急形電車のスタンダード系列となった。

1965年1月に161系として発注されていた3両が181系初の新製車として落成した(番号は40番台)。

翌66年10月、信越本線碓氷峠新線の完成と長野〜直江津間電化完成に伴い特急「あさま」2往復が新設、12月には中央本線複線化の進展により特急「あずさ」2往復が新設された。

この特急新設用として各所に改良を加えた100番台(クハ180のみ基本番台)がデビュー、1969年に8両の増備車を加え、181系新製車は56両となった。

1972年から直流特急形電車の新製は大幅にモデルチェンジを行った新系列183系に移行、181系新製車グループ56両は上信越・中央線の特急に運用され、他系列(113系、485系)に改造編入された3両を除き、1986年までに全車廃車となった。

1978年に「とき」の編成変更に伴いサロ481形から3両がサロ180-1050番台に改造編入、6両が1100番台として新製されているが、本書での解説からは割愛する。

また100番台についても、本書では151系の派生系列として、概略を解説するにとどめる。

① 形式および編成

181系として最初に落成したのは「とき」増発用に161系として発注されたクハ181形2両とサシ181形1両の計3両である。

1965年3月から、151系改造車30両と161系改造車15両に今回の新製車3両を使い「とき」の1往復増発と10両編成化を行った(表13)。

新潟車両センターで保存されていた頃のクハ181-45。のちに大宮の鉄道博物館に収蔵されたこの車両は、1965年製の3両の中の1両であった。2007年5月6日

表13　181系の編成図

←上野	①	②	③	④	⑤	⑥	⑦	⑧	⑨	⑩	新潟→
	Tc	Ms	M's	Td	M'	M	T'	M'	M	Tc	

T' は151系改造車を組み込み

② 車体構造

　車体構造は、1962年製の161系と同様であるが、クハのボンネット天蓋は交直両用特急形電車クハ481形と同様の跳ね上げ式の1枚ものに変更され、通常時はボンネットと面一（つらいち）になる。また、ボンネットの赤帯は当初太く塗られていた。

③ 客室設備

　1962年製161系と変更はない。

⑤ 走行装置・機器類

　台車は台車枠を強化したTR58Z形を使用した。

落成時のクハ181-44の正面イラスト。帯が太く、下部前照灯とテールライトの縁取りを赤く塗りつぶしていたため、赤色フィルターを取り付けると異様な印象になった。

「こだま」以来の8連となった信越特急「あさま」。クハ180-2　1975年6月24日　信濃追分〜中軽井沢間

1966年製

① 形式および編成

　信越特急、中央特急新設に伴い、所要となるモロ181形、モロ180形、モハ181形、モハ180形、クハ181形、クハ180形、サシ181形の7形式45両が増備された。クハ180形を除いて100番台とし、151系・161系由来の181系と区別した。

　クハ180形は食堂車を連結しない信越特急のために製造された偶数向きの新形式で、本形式のみ番号は1番から起こされている。信越特急に必要なサロについては、山陽特急から利用者の少ないサロを抜き充当、上越・中央特急に必要なサハは山陽特急から抜いたサロ181形の改造により賄うこととし、需給調整を行った。

　配置は引き続き田町電車区とし、上越特急と中央特急は食堂車組み込みの10連の共通編成（表14）、信越特急は碓氷峠無動力通過のため食堂車なしの8連（表15）とした。

　151系・161系では食堂車でつなぎをクロスさせ、先頭車は片ワタリ構造でどちら向きにも使えたが、信越特急編成ではクハ181形を両ワタリとする必要があるものの、艤装（ぎそう）スペースの関係で両ワタリにはできないことから、偶数向き（上野方）先頭車クハ180形が新たに起こされた。

表14　食堂車を組み込んだ上越・中央特急の10両編成　　4号車はTの場合もあり

	①	②	③	④	⑤	⑥	⑦	⑧	⑨	⑩	
←上野 松本	Tc	Ms	M's	T'	Td	M'	M	M'	M	Tc	新潟→ 新宿

表15　信越特急用の食堂車なし8両編成　　6・7号車はTsの場合もあり

	①	②	③	④	⑤	⑥	⑦	⑧	
←上野	T'c	M	M'	M	M'	T's	T's	Tc	長野→

「とき」と共通の10連とした中央特急「あずさ」。1966年12月18日　写真／辻阪昭浩

② 車体構造

　車体構造は、161系に準じたものとなっているが、信越本線碓氷峠通過と中央本線のトンネル限界の制約を加味した対策が施された。

　碓氷峠通過対策として、台枠および連結器を強化し、連結器緩衝装置の容量増大を行い、非常ブレーキの吐出弁に絞りを追加、台車の空気バネにパンク装置、同検知装置を取り付けた。

　中央本線の山用対策としては、元来の屋根高さが低いので、パンタグラフ取り付け高さを40mm低くする

ことにより折り畳み高さを限界内に収めている。一方、運転台屋根上の前灯、予備笛、ウィンカーランプはすべて廃止したため、外観上の大きな特徴となった。

　ATS装置の設置が進んだことから、後方列車防護目的で使用されていた後部の赤色フィルター取り扱いが廃

止となり、前灯の交互点滅回路も廃止された。

　先頭車のタイフォンはクハ181形では左右に離して、クハ180形では連結機器の関係で中央に寄って取り付けられ、予備笛も床下に設置されている。タイフォンの穴は丸形から小判形に変更された。

クハ181-102の前面。製造から5年経ち、ヘッドライトの縁は赤く塗りつぶされ、補助ワイパーも撤去されている。1971年3月27日 上野

山用対策として、パンタグラフの取付位置を低くした（左）。右の写真はオリジナルのパンタ台。

2-1
クハ180形

　今回の新形式クハ180形は、車体構造はクハ181-100番台と同様であるが、偶数向きに固定され碓氷峠での補機連結を伴うため、自動連結器は常時むき出しのままとし、カバーの取付ボルトも省略されている。スカートはセットバックされ、解放テコ、空気ホース、KE64形ジャンパ連結線受けが取り付けられた。

信越線軽井沢駅で、補機のEF63 11との連結作業を行うクハ180-3。1973年6月21日

クハ180-4の前面。EF63形を連結するため、連結器はむき出しだった。1972年2月2日　上野

3
客室設備

　161系の使用実績から耐寒耐雪設備を強化、主電動機の通風装置を改良し、粉雪の進入防止のため冬季は客室内から吸気を行うよう改良された。電動車の客室内妻板には冷却風吸気口が設けられている。
　2等車の座席は人間工学的な検討の加えられたT17K形に変更された。

モロ180-102の車内、客室妻板に主電動機冷却用吸気口がある。

3-1
食堂車

　食堂車は衛生上の観点から、布製カーテンに代わり近車の設計によるベネシャンブラインドが採用されたほか、側面の化粧板は木目模様に変更され、AU12形クーラーの吹出口も客室用と同じ形状となり、食堂内見付が大きく変わった。

ベネシャンブラインドが採用されたサシ181-101。

1969年製

また、列車位置表示装置に代わって壁面にはアルプスのレリーフが飾られ、道標をイメージした勘定台仕切と共に、山岳線を走る特急にふさわしいデザインとなった。

4 走行装置・機器類

走行装置、主回路システムは、主電動機に120kWのMT54形、主制御器はノッチ戻しおよび勾配抑速発電ブレーキ付きのCS15B形が新製時より採用された。歯数比は151系と同様の3.50となった。

主抵抗器も151系、161系からの改造車と同様の大容量強制通風式のMR78形が取り付けられている。

台車については、新標準形となったDT32系を採用、床面高さの低い本系列に合わせ、枕梁を薄くして過重負担を2点支持方式としたDT23C形、TR69C形とした。

1 形式および編成

夏季の信越本線臨時特急「そよかぜ」の181系化(前年は157系で運転)に際しモハ181形、モハ180形、クハ181形、クハ180形、サロ180形の5形式8両が増備された。このうち電動車は予算削減の観点からモハ181形を2両、モハ180形を3両新製し、不足するモハ181形は向日町の予備車のユニットをバラして充当することとした。その他の3形式は1両ずつが新製されたが、この5両が151系からの流れをくむ181系としては最後の新製車となった。

「こだま」デビュー以来10年以上にわたって面倒を見てきた田町電車区の181系は、1969年7月1日をもって、上越・中央特急用車両は新潟運転所に、信越特急用車両は長野運転所に移管することになり、それに先立つ6月28日に落成した今回の新製車はそろって長野運転所の配属となった。

2 車体構造

3年ぶりの増備となった本系列であるが、製造からすでに10年以上が経過した初期の車両については、台枠との溶接部分の外板浮き上がりや、窓枠周辺の腐食から側窓の気密が保てず、複層固定ガラスに内側から曇りが生じるなどの現象が顕在化し始めていた。

今回の増備車においては腐食対策として、外板および屋根板に耐候性高張力鋼板を採用し、側扉もステンレス製とした。また天井板は、モハ20系以来続いていた多孔吸音板に代えてメラミン化粧板を使用し、製造費の低減と保守の省力化を図った。

先頭車のボンネット下部にある通風グリルは、同時期のクハ481形、クロ481形と同形態の縦型スリットに変更され、スカートのタイフォンには中折れ式のシャッターが付けられた。また床下の予備笛は、再び運転台屋根上取り付けとなった。

3 客室設備

先に述べたごとく天井板の材質変更が行われたほか、普通車のシートモケットは材質の標準化が行われ、便所は循環式汚物処理装置の取付準備工事が行われた。

4 走行装置・機器類

耐雪構造のさらなる強化が行われ、主電動機はMT54B形、主制御器はCS15E形、主抵抗器はMR78A形に変更された。

先頭車ボンネット内の電動発電機をMH93B-DM55B形に変更した。

天井板がメラミン化粧板となったモハ180-113。

ボンネット下部のグリル、タイフォンシャッターが特徴的なクハ181-109。

181系新製車グループ 車歴表

国鉄151系

クハ181-44(※) ('65-1汽車)	→	クハ181-44 '78-6-14 廃車
クハ181-45(※) ('65-1汽車)	→	クハ181-45 '86-3-31 廃車
サシ181-43(※) ('65-1汽車)	→	サシ181-43 '82-12-4 廃車

(※)発注時は161系で発注

モロ181-101 ('66-8近車)	('78-12新津)	モハ181-201 '82-12-27 廃車
モロ181-101 ('66-8近車)	('78-11新津)	モハ181-202 '79-2-20 廃車
モロ181-103 ('66-9汽車)	('79-2新津)	モハ181-203 '82-12-4 廃車
モロ180-101 ('66-8近車)	('78-12新津)	モハ180-201 '82-12-27 廃車
モロ180-102 ('66-8近車)	('78-11新津)	モハ180-202 '82-10-23 廃車
モロ180-103 ('66-9汽車)	('79-2新津)	モハ180-203 '82-12-4 廃車

モハ181-101 ('66-6川車)	→	モハ181-101 '83-3-9 廃車
モハ181-102 ('66-6川車)	→	モハ181-102 '82-10-23 廃車
モハ181-103 ('66-6川車)	→	モハ181-103 '82-9-16 廃車
モハ181-104 ('66-6川車)	→	モハ181-104 '82-10-23 廃車
モハ181-105 ('66-6川車)	→	モハ181-105 '82-12-4 廃車
モハ181-106 ('66-6川車)	→	モハ181-106 '82-9-16 廃車
モハ181-107 ('66-8近車)	→	モハ181-107 '83-3-9 廃車
モハ181-108 ('66-8近車)	→	モハ181-108 '82-12-4 廃車
モハ181-109 ('66-8近車)	→	モハ181-109 '82-12-27 廃車
モハ181-110 ('66-9汽車)	→	モハ181-110 '83-3-9 廃車
モハ181-111 ('66-9汽車)	→	モハ181-111 '83-11-15 廃車
モハ181-112 ('66-9汽車)	→	モハ181-112 '82-9-16 廃車
モハ181-113 ('69-6川重)	→	モハ181-113 '86-3-31 廃車
モハ181-114 ('69-6川重)	→	モハ181-114 '86-3-31 廃車

川崎車輌(川車)は1969年4月に川崎重工業(川重)に合併、社名変更

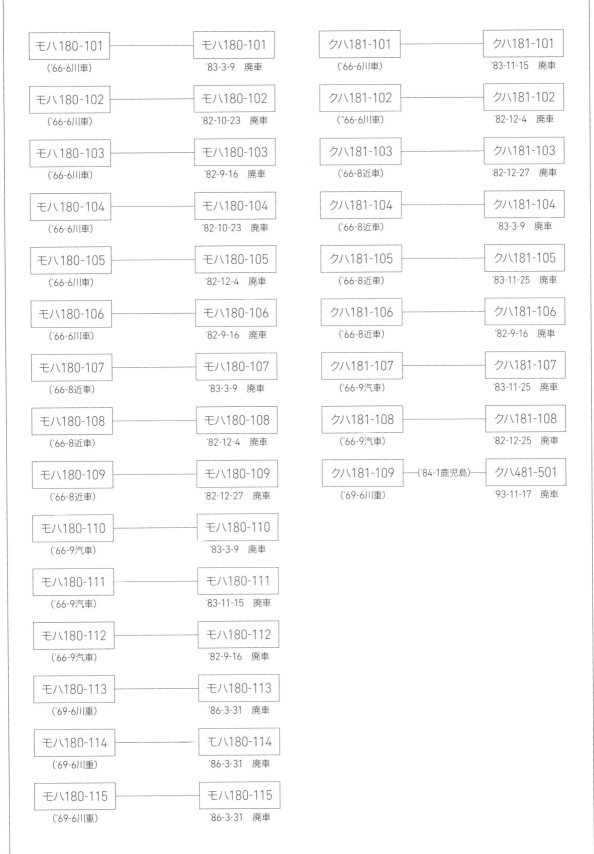

モハ180-101 ('66-6川車)	モハ180-101 '83-3-9　廃車
モハ180-102 ('66-6川車)	モハ180-102 '82-10-23　廃車
モハ180-103 ('66-6川車)	モハ180-103 '82-9-16　廃車
モハ180-104 ('66-6川車)	モハ180-104 '82-10-23　廃車
モハ180-105 ('66-6川車)	モハ180-105 '82-12-4　廃車
モハ180-106 ('66-6川車)	モハ180-106 '82-9-16　廃車
モハ180-107 ('66-8近車)	モハ180-107 '83-3-9　廃車
モハ180-108 ('66-8近車)	モハ180-108 '82-12-4　廃車
モハ180-109 ('66-8近車)	モハ180-109 '82-12-27　廃車
モハ180-110 ('66-9汽車)	モハ180-110 '83-3-9　廃車
モハ180-111 ('66-9汽車)	モハ180-111 '83-11-15　廃車
モハ180-112 ('66-9汽車)	モハ180-112 '82-9-16　廃車
モハ180-113 ('69-6川重)	モハ180-113 '86-3-31　廃車
モハ180-114 ('69-6川重)	モハ180-114 '86-3-31　廃車
モハ180-115 ('69-6川重)	モハ180-115 '86-3-31　廃車

クハ181-101 ('66-6川車)	クハ181-101 '83-11-15　廃車
クハ181-102 ('66-6川車)	クハ181-102 '82-12-4　廃車
クハ181-103 ('66-8近車)	クハ181-103 '82-12-27　廃車
クハ181-104 ('66-8近車)	クハ181-104 '83-3-9　廃車
クハ181-105 ('66-8近車)	クハ181-105 '83-11-25　廃車
クハ181-106 ('66-8近車)	クハ181-106 '82-9-16　廃車
クハ181-107 ('66-9汽車)	クハ181-107 '83-11-25　廃車
クハ181-108 ('66-9汽車)	クハ181-108 '82-12-25　廃車
クハ181-109 ('69-6川重) ―('84-1鹿児島)→	クハ481-501 '93-11-17　廃車

国鉄151系

43

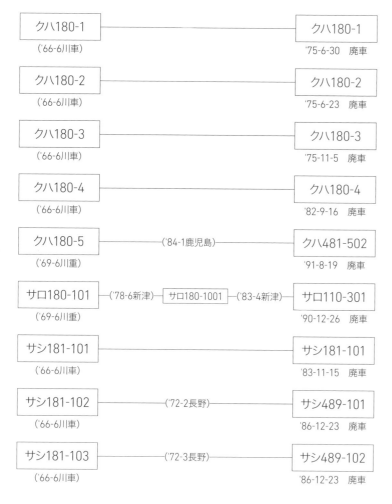

クハ180-1 ('66-6川車)	──────→	クハ180-1 '75-6-30　廃車
クハ180-2 ('66-6川車)	──────→	クハ180-2 '75-6-23　廃車
クハ180-3 ('66-6川車)	──────→	クハ180-3 '75-11-5　廃車
クハ180-4 ('66-6川車)	──────→	クハ180-4 '82-9-16　廃車
クハ180-5 ('69-6川重)	──('84-1鹿児島)──→	クハ481-502 '91-8-19　廃車
サロ180-101 ('69-6川重)	('78-6新津)─サロ180-1001─('83-4新津)	サロ110-301 '90-12-26　廃車
サシ181-101 ('66-6川車)	──────→	サシ181-101 '83-11-15　廃車
サシ181-102 ('66-6川車)	──('72-2長野)──→	サシ489-101 '86-12-23　廃車
サシ181-103 ('66-6川車)	──('72-3長野)──→	サシ489-102 '86-12-23　廃車

国鉄151系

181系の中で、幸運にも特急先頭車として20年以上活躍を続けたクハ481-502（元クハ180-5）。
大分　1986年6月13日
写真／栗林伸幸

第2章

形式別解説

151系特急形電車

151系の生涯の中で、最も華々しかったのは東海道本線の「こだま」「つばめ」で活躍をした12両編成の時代である。1等車が5両も連なり、さらに食堂車とビュフェ車を1両ずつ連結。しかも12両すべてで形式・番台が異なっていた。本稿では、系列の基本となる12形式を1両ずつ解説していく。

Ⅰ クロ151

展望客車に代わる
看板特急の特別車両

編成図

←大阪

クロ151	モロ151	モロ150	サロ150	サロ151	サシ151	モハシ150	モハ151	サハ150	モハ150	モハ151	クハ151

東京→

京都駅に停車中のクロ151-6。この車両は新幹線開業後も田町残留組となり、急行「オリンピア」に運用の後、クハ181-56に格下げ改造されている。
1964年9月　写真／辻阪昭浩

　1960年6月の「つばめ」「はと」電車化に際し、展望客車に代わる特別車両として、1〜6の6両が製造された。一般営業用の国鉄電車としては空前絶後の豪華車両である。「パーラーカー」と呼ばれ、

「こだま」「つばめ」の大阪方の先頭を切る姿は、151系の最も華やかな時代のフラッグシップカーそのものであった。

　先頭部の基本的な設計はクハ151形に準じてい

るが、車体長はクハ151形より500mm短い。客室部分に2m×1mの複層大型窓を採用することにより、オープンデッキの展望客車とはまた違った、明るく開放的な空間が実現した。当時この大きさの鉄道車両用複層ガラスは世界最大といわれ、国鉄の看板特急「つばめ」に抜擢されることになった151系電車の新形式に対する設計陣の意気込みが感じられる。

また、固定窓シールゴムの外側にステンレスの薄板を被せて輪郭を引き立たせる細工も施され、四隅の大きなRと共に外観の優雅さをさらに引き立てた。

客室は運転室の直後に定員4人の区分室、次いで荷物保管室、給仕室を配置、自動ドアを挟んで出入台、便所・洗面所、その後方に定員14人の開放室、サービスコーナーを設けた。

区分室は海側（1位側）に寄せて2人掛けのリクライニング可能なソファを向かい合わせに配置、中央にテーブルを設け、照明は光天井を採用した。ソファ、カーテン、布張りの壁は奇数車と偶数車で意匠を変えており、奇数車はソファがレンガ色、偶数車は金茶色であった。

開放室は1人掛けのR2形回転式リクライニングシートを片側7脚ずつ14脚設置し、窓側に向けて固定することも可能であった。シートモケットは茶色とクリームの格子縞柄で、区分室も同様であるが、シートのモケット柄を生かすテトロンレースの枕カバーを採用した。また窓上には開放感を妨げないよう、強化ガラス製の荷物棚を設けた。

区分室、開放室共に給仕の呼び出しボタン、シートラジオ、列車電話のジャックが設けられ、自席からの通話が可能であった。

開放室の台形型移動式テーブルの上に乗った、サービスのお茶とおしぼり。　写真／辻阪昭浩

クロ151形の奇数番号車の区分室内部。　写真／国鉄パンフレットより

クロ151-1の開放室内部。1961年3月2日　写真／辻阪昭浩

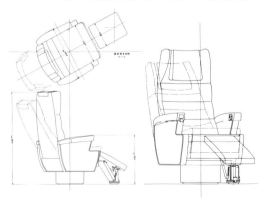

クロ151 開放室用　自在腰掛見付　出典／『国鉄長距離高速電車説明書』より

既存のクハ151形から一部変更されたクロ151形

　クロ151形は、151系先頭車としては1年半ぶりに造られているので、12号車で紹介するクハ151形（1958年製）とは設計変更された点も多かった。外観上特に目立つのは、先頭部の並形自動連結器で

ある。当時は東海道本線でも踏切事故が多く、万一の際の機関車牽引、救援車との連結等を考慮しての変更であった。通常はカバーで覆う方式としたが、前面の印象は大きく変わった。

　また「こだま」「つばめ」を共通運用とするため、ヘッドマークを交換できるようにねじ止め式に改めた。バックミラーは固定式となり、運転台屋根上のヘッドライトは予備笛と一体のカバーを取り付けた。これらの変更は1958年製のクハ151形6両に対しても改造が行われた。

　一方、以下の変更は1960年以降に製造された先頭車に反映されたが、既存のクハ151形への改造は行われなかった。

・ボンネットに点検時の換気天蓋が2カ所設けられ、ライトケース下部の外気取入口を片側2カ所に増設。

・運転台屋根上のウィンカーランプは、運転台側窓から点灯状態が確認できるよう、後方からも確認できるタイプに変更。

・運転台直後のユニットクーラーカバー上部に押込式通風器が設けられ、先頭になった際の通風を改善。

・乗務員室扉下部にはステップを設置。

　1960年当時、パーラーカーを利用して東京〜大阪間を乗車すると、1等運賃、1等特急料金、特別座席券合せて6,100円が必要だった。これは当時の同区間3等運賃990円の6倍強。今の貨幣価値に置き換えると普通運賃を基準にして55,000円、諸物

国鉄151系

クロ151形（上）とクハ151（クハ26）形（下）の先頭部比較。連結器を常設としたことによる印象の変化が大きいが、細部に設計変更が見られる。
写真／辻阪昭浩（2点とも）

クロ151　車歴表 ①

クロ151-1 （'60-4川車） —('66-5吹田)→	クロ181-1 —('66-12吹田)→	クロハ181-1 —('73-9長野)→	クハ180-53 '76-1-5　廃車
クロ151-2 （'60-4川車） —('65-12吹田)→	クロ181-2 —('67-2吹田)→	クロハ181-2 —('73-10長野)→	クハ180-54 '75-11-5　廃車
クロ151-3 （'60-4近車） —('66-2吹田)→	クロ181-3 —('67-3吹田)→	クロハ181-3 —('72-3長野)→	クハ180-52 '75-10-31　廃車
クロ151-4 （'60-4近車） —('65-9吹田)→	クロ181-4 —('66-11吹田)→	クロハ181-4 —('72-3吹田)→	クハ181-62 '78-6-14　廃車
クロ151-5 （'60-4汽車） —('66-6吹田)→	クロ181-5 —('66-11吹田)→	クロハ181-5 —('73-9長野)→	クハ180-55 '75-10-31　廃車
クロ151-6 （'60-4汽車）	—('65-3浜松)→		クハ181-56 '75-8-27　廃車

九州乗り入れ改造によりジャンパ連結器、空気ホース管などが設置され、スカートが切り欠かれたクロ151-8。戸塚〜大船　1964年9月13日
写真／辻阪昭浩

価を考慮すると120,000円を超えるとも言われている。クロ151形は憧れではあっても、そうやすやすと乗れる存在ではなかったことがうかがえる。

2度の増備で計12両を製造 九州乗り入れに備え一部改造

1961年10月の白紙ダイヤ改正に合わせて増備された7〜11の5両では、開放室のリクライニングシートが足乗せ台を一体化したR2A形に変更され、サービスコーナーにロッカーを新設するなど、1年余りの営業使用を反映した変更が行われた。

1962年6月の広島電化に際してさらに1両が増備され、クロ151形は12両となった。この時のクロ151-12はVIP乗車を想定し、区分室の窓ガラスを防弾ガラスにしている。

1964年4月24日、下り「第1富士」に運用中のクロ151-7が踏切事故に遭遇。製造からわずか3年の短い生涯を閉じる。このピンチヒッターとしてクロ150形が急遽改造により生まれるが、これについては116ページ「増1号車」にて別途紹介する。

1964年5月からは九州乗り入れ改造工事が開始され、クロ151-1、4、5、8、9、11に対し制御・高圧補助回路ジャンパ連結器とブレーキ用空気ホース管の取付が行われ、スカート部分が大きく切り欠かれたほか、ステンレスの形式番号を赤2号で塗装して、乗り入れ対応車であることを区別した。

クロ151　車歴表②

クロ151-7 ('61-7川車)			クロ151-7 '64-9-8 廃車
クロ151-8 ('61-7川車)	('65-8吹田) クロ181-8	('66-10吹田) クロハ181-8	('73-10長野) クハ181-63 '79-2-20 廃車
クロ151-9 ('61-7汽車)	('66-8吹田) クロ181-9	('67-3吹田) クロハ181-9	('72-3長野) クハ181-64 '78-6-14 廃車
クロ151-10 ('61-8汽車)	('65-11吹田) クロ181-10	('67-1吹田) クロハ181-10	('72-3吹田) クハ181-65 '78-9-16 廃車
クロ151-11 ('61-6近車)	('66-7吹田) クロ181-11	('68-9大井)	クハ181-61 '78-7-24 廃車
クロ151-12 ('62-4川車)	('66-4吹田) クロ181-12	('69-3郡山)	クハ180-51 '76-1-5 廃車

クロ181形に形式変更されたクロ181-12。1968年9月まで「うずしお」「ゆうなぎ」で使用された。大阪 1968年8月30日 写真／栗林伸幸

開放室が2等車に改造されたクロハ181-1。1973年の181系山陽本線撤退まで残った。下関 1969年7月10日 写真／栗林伸幸

新幹線開業で山陽・九州へ
関東向けは客室を大改造

　1964年10月の東海道新幹線開業に伴い、クロ151形は10両(1～5、8～12)が向日町運転所に転出、東海道時代そのままの11両編成下り寄り先頭車として山陽本線、九州方面に活躍の場を移した。

　一方、田町に残留したクロ151-6は上越特急転用のため早々にクハ181-56に改造された。改造にあたっては客室部分をすべて解体し2等客室を新製しているが、オリジナルのクハに比べ500mm短いため、窓間の柱を10mm短くしシートピッチも5mm短く905mmとしたほか、便所、洗面所の寸法も調整した。ユニットクーラー、客用ドア、便所、洗面所の窓は種車のものを流用している。また天井のAU12形の吹出口は改良型に交換された。

　向日町のクロ151形は1965年から電動車の出力増大改造によりクロ181形に形式変更となった。しかしながらパーラーカーは特別座席料金を500円にディスカウントしても利用客の減少はいかんともしがたく、1966年から1967年にかけて開放室を2等(普通車)に改造し、クロハ181形とする工事が8両について実施された。改造は旧開放室内のみにとどまり、片側に2人掛け回転クロスシートを8脚ずつ、シートピッチ980mmで設置、荷物棚はパイプ式のものに取り換えた程度で、特徴ある大窓の外観はそのままであった。

　1968年には残る2両のパーラーカーのうちクロ

クロハ181-10を改造したクハ181-65。改造当初は帯なしロングスカートで異彩を放った。御徒町　1974年9月24日

クロハ181-3を改造したクハ180-52。碓氷峠の補機連結用の装備のため、スカートがセットバックされている。新宿　1975年6月21日

181-11が、1969年には12が関東地区に転出、クハ181-56と同様の方法によりクハ181-61、クハ180-51に改造された。今回の改造から、屋根上ヘッドライトとウィンカーランプが撤去されたほか、室内天井板は多孔吸音板からメラミン化粧板に変更された。一方AU12形の天井吹出口はパーラーカーの丸型のものがそのまま流用された。

向日町所属車も関東に転配
パーラーカーの大きな窓は消滅

1969年後半からヘッドマーク交換作業の省力化のため、ヘッドマークを巻取式ロールマークとする改造が、3、5、8、9の4両について行われた。また1971年頃から、バックミラーとウィンカーラン

プの撤去が行われた。その後も九州方面に直通運転可能な交直両用特急形電車の増備、山陽新幹線の岡山開業により、181系の活躍の場は上越・信越・中央の各線にシフト、1972年3月から順次転配が始まった。クロハ181形は全車クハ180形、クハ181形に改造され、特徴ある大窓の優雅な姿は過去のものとなった。改造方法は1968年のクロ181形からの改造に準じている。この時の改造はクハ181形の付番原則（元番号＋50）が変わり、本来クハ181-54となるクロハ181-4はクハ181-61の続番であるクハ181-62となり、8〜10も63〜65に付番された。

他の元151系が廃車されていく中、客室部分が新しかったことが幸いし、パーラーカー由来のクハ181形は1978年まで活躍した。

AU12形の丸型吹出口がそのまま流用されたクハ181-64の室内。天井はメラミン化粧板に取り換えられている。

181系に残されたクロ151の痕跡

クロ151形が出自であるクハ180-50番台、クハ181-50・60番台だが、客室部分は新造されているため、パーラーカー時代の名残はほとんど見出すことができなかったが、そのまま残された先頭部分を中心にわずかな痕跡を見ることができた。

便所・洗面所の窓は流用されたため小窓であった。
クハ181-62

室内の AU12形丸型吹出口。方向切換レバー（左側のハンドル）が設けられた。クハ180-54

クロ151-11の番号のまま装備された点検用梯子。クハ181-61

前位台車の位置が500mm 前に寄り、窓周りから落とし込む塗り分け角度も70度であった。クハ180-55

新設された前向きの押込式通風器。下り列車に使用の際にも十分な外気が入るよう改善された。クハ181-64

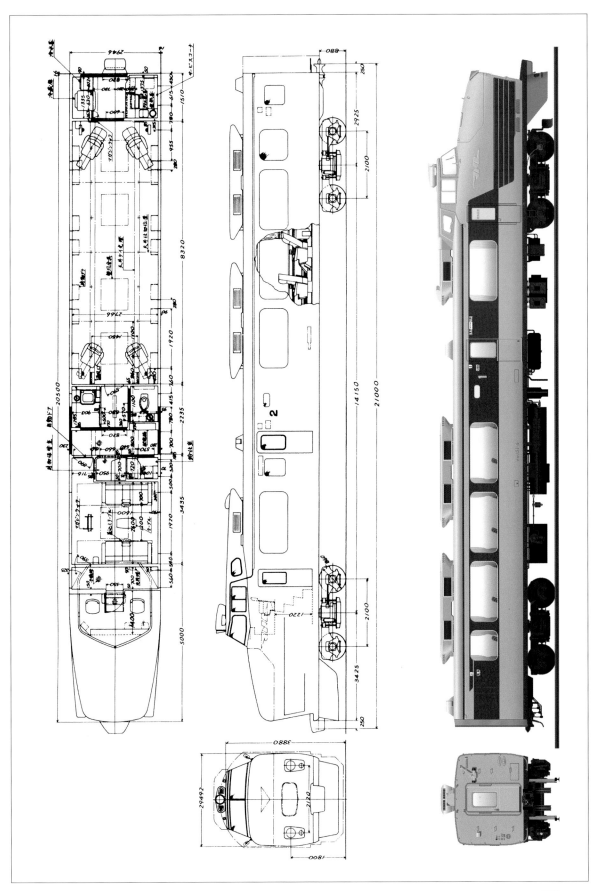

2 モロ151

「つばめ」「はと」用増備車
2等車を初めて電動車化

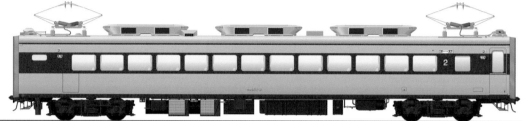

編成図

←大阪　クロ151｜モロ151｜モロ150｜サロ150｜サロ151｜サシ151｜モハシ150｜モハ151｜サハ150｜モハ150｜モハ151｜クハ151　東京→

国鉄151系

「こだま」編成増強のため、納車されたばかりのモロ151-1。1959年12月6日　田町電車区　写真／宮地 元(RGG)

　モロ151形の形式が与えられた2等電動車。1960年6月の「つばめ」「はと」電車化用増備車だが、一部は「こだま」編成増強のため1959年12月に繰り上げて投入され、1、3、5の奇数車3両が同年11月に製造されている。2等車を電動車とする発想は当時としては画期的なもので、全電動車で進められていた新幹線電車の布石であったことは間違いないところである。

モロ181-5の室内。リクライニングシートは差込式テーブルのオリジナル、一番奥にファンの小型吹出口が見える。1973年3月24日　新宿

基本的には1958年に製造されたサロ151形（72ページ参照）の車体に、モハ151形（92ページ参照）の走行装置・電装品を取り付けたものと考えてよい。外観上は回送運転台がなく、ビジネスデスクに代えて荷物保管室を設置したため、サロ151形とは後位の寸法が345mm短く、その分前位の便所、洗面所寸法を拡大し、冷水器を洗面所に移設した。

客室は前位寄りから便所（和式）・洗面所、仕切開き戸を挟んでR17形2人掛けリクライニングシートが片側13脚ずつ52人分並び、仕切開き戸の外側3位側に乗務員室、4位側に荷物保管室、出入り台という配置となっている。リクライニングシートは、サロ151形で破損の多かったシートバックのビニール袋の外側に、シートモケットと同一模様の布製袋を追加、高級感を出すと共に破損対策とした。

前位側はパンタグラフの関係で、前位寄りの客席とクーラー吹出口との距離が離れてしまうことから、この部分に扇風機を取り付け、クーラーのデザインに合わせた小型の吹出口を設けた。この扇風機部分の屋根は、155系と同様の円錐台形の盛り上がりがある。

本形式とユニットを組むモロ150形（60ページ参照）に「ビジネスデスク」を設置したため、後位寄り仕切の製造銘鈑の下に「ビジネスデスク御利用の方はとなりの車へ」という案内板を取り付けた。

テーブルを差し込んだところ。1枚1枚にJNRマークが付けられていた。モロ181-3

シートバックの布製袋は、清掃時には左右に付いたファスナーを開けることにより180度下に開くようになっていた。モロ181-13

モロ181-1（海側）　1974年10月1日　新宿

　また2等車の便所は1両おきに和式と洋式を交互に配置していたので本形式は和式、モロ150形は洋式であった。本形式の便所入口には「洋式便所はとなりの車にあります」との表記が英文併記で取り付けられた。

偶数車を増備し12両編成化
さらに7両を新製増備

　1960年4月には、2、4、6の3両が製造され、前年の3両と共に新たな12両編成2号車に組み込まれた。1961年7月には、10月の白紙ダイヤ改正に向け、7〜12の6両が増備された。この増備車の本形式独自の設計変更はないが、ユニットを組むモロ150形のビジネスデスクが廃止されたため、後位寄り仕切のビジネスデスク案内板は廃止された。

　1962年6月の広島電化に伴い、1両が増備され本形式は13両となった。この時から外幌が廃止され、行先表示板の差込枠が出入台寄りに移設された。これらの変更改造は在来車にも行われた。

九州乗り入れに備えて
パンタグラフを交換

　1964年5月からは1、4、5、7、9、11の6両に

九州乗り入れ改造工事が順次実施された。下関以西ではパンタを下して電気機関車牽引とするため、この区間でパンタが上昇しないように二重鎖錠としたPS16E形に交換している。

　1964年10月の東海道新幹線開業により、1〜5、7、9〜11、13の10両が向日町に転出し、山陽・九州方面特急に活躍の場を移した。

　一方、田町に残った6と8は、1964年12月までに主電動機をMT46形からMT54形に換装し、合わせて主制御器をCS12A形からCS15B形へ変更し、161系と同様の抑速発電ブレーキを装備する出力増大改造が行われた。また151系M車の特徴でもあった自然通風式のMR30形、MR35形主抵抗器も強制通風式のMR78形に変更された。この時点では改造後の形式をモロ181形とすることが未定で、出力増大改造車はステンレスナンバーを白く塗って区別していた。モロ181形への改番は1965年に行われた。12は1965年3月に浜松工場で出力増大改造を行いモロ181形となった。

　向日町のモロ151形も、1965年から順次出力増大改造が行われモロ181形となった。1968年10月以降、181系の山陽方面特急からの撤退が始まり、1973年には全車が関東に戻って上信越・中央特急

モロ181-5形（山側）。主抵抗器が強制通風式のMR78形に変わっているが、パンタ台やLA13形避雷器は原型をとどめている。1974年10月2日　御徒町

に活躍した。信越特急のグリーン車はサロが基本であったが、モロのユニットを組み込んだ変則編成も存在した。

　1975年の181系運用大幅縮小によりモロ181形は7、12、13を残して廃車となり、残る3両も1978年に実施された「とき」の編成変更により廃車となった。

1961年の増備車モロ181-11の室内。製造当初からAU12改良型の吹出口を装備する。一番奥にある扇風機の吹出口のデザインも変更されているのがわかる。1974年7月30日　新宿

モロ151　車歴表

モロ151-1 ('59-11川車)	('66-5吹田)	モロ181-1 '75-8-18 廃車
モロ151-2 ('60-4川車)	('65-12吹田)	モロ181-2 '75-11-10 廃車
モロ151-3 ('59-11近車)	('66-1吹田)	モロ181-3 '75-5-14 廃車
モロ151-4 ('60-4近車)	('65-9吹田)	モロ181-4 '75-7-25 廃車
モロ151-5 ('59-11汽車)	('66-6吹田)	モロ181-5 '75-5-6 廃車
モロ151-6 ('60-4汽車)	('64-12大井) 出力増大 ―('65-12大井)	モロ181-6 '75-11-10 廃車
モロ151-7 ('61-7川車)	('65-8吹田)	モロ181-7 '78-6-14 廃車
モロ151-8 ('61-7川車)	('64-12大井) 出力増大 ―('65-11大井)	モロ181-8 '76-5-12 廃車
モロ151-9 ('61-7汽車)	('66-8吹田)	モロ181-9 '75-11-5 廃車
モロ151-10 ('61-8汽車)	('65-11吹田)	モロ181-10 '75-11-10 廃車
モロ151-11 ('61-6近車)	('66-7吹田)	モロ181-11 '75-9-1 廃車
モロ151-12 ('61-6近車)	('65-3浜松)	モロ181-12 '78-7-24 廃車
モロ151-13 ('62-4川車)	('66-4吹田)	モロ181-13 '79-1-30 廃車

181系に残されたモロ151の痕跡

モロ151形として東海道本線で活躍していた当時の面影は大規模な改造が行われなかったこともあり、客室関連設備を中心に多くの痕跡を見ることができた。

行先札差は、当初は等級表示の真上に設置していたが、運用が複雑化し、駅での行先札交換が増加した1962年頃から出入台寄りに移設された。グリーンマークの上にネジ止めの跡が見える。モロ181-7

モロ181-5の前位寄り客室端部に設けられた扇風機。デザインをAU12形丸型吹出口にそろえてある（7以降はAU12形改良型吹出口と同様のデザイン）。

本形式から、客室前位寄りに非常口が設けられ、線路上に下りるための梯子も設置された。こうした細かい設備にも形式番号が書かれていたが、151系時代から書き換えられずに残っているものが多かった。
モロ181-2

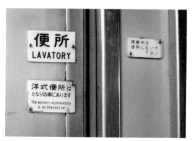

1960年代はまだ和式便所が主流の時代で、モロ151形は和式便所、隣のモロ150形には洋式便所を設置していたため、このような案内板が取り付けられた。モロ181-1

ユニットを組むモロ150形の「ビジネスデスク」へ誘導する案内板。1〜6のみに取り付けられていた。
モロ181-1

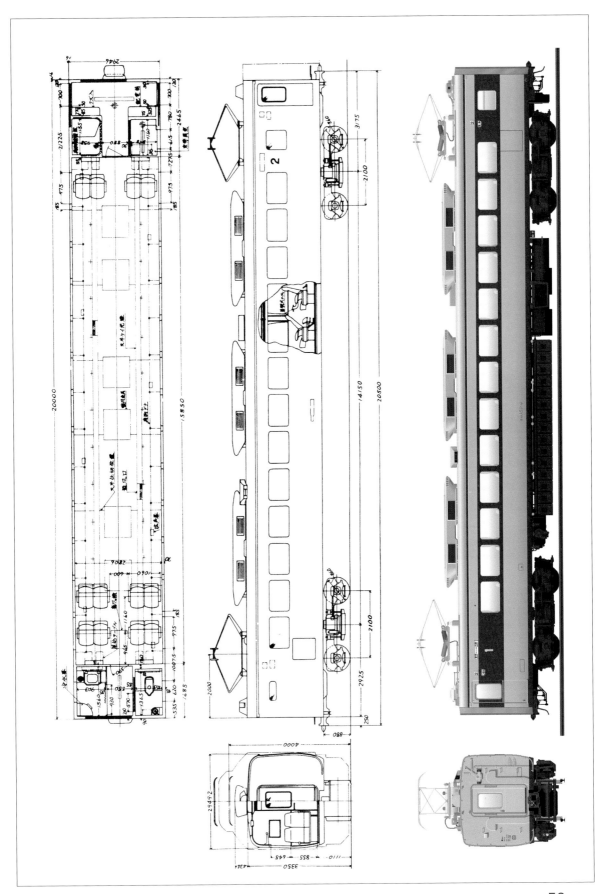

3 モロ150

モロ151とユニットを組む2等電動車

編成図

←大阪　クロ151　モロ151　モロ150　サロ150　サロ151　サシ151　モハシ150　モハ151　サハ150　モハ150　モハ151　クハ151　東京→

モロ150の形トップナンバーを改番したモロ180-1。1974年10月1日　新宿

　1959年12月に製造されたモロ151形(54ページ参照)とユニットを組む2等電動車である。モロ151形と同様に当初は1、3、5の奇数車3両が製造された。走行装置、電装品は主に空気関係と補助機器でパンタグラフはない。車体はモロ151形とほぼ同

一であるが、サロ151形と同様に山側に2人分のビジネスデスクを設けている。ビジネスデスクの幅はサロ151形に比べ100mm短く、この部分の窓も770mmと205mm短くなっている。また、ビジネスデスクの向かい側は乗務員室兼荷物保管室とさ

モロ180-6の室内。左奥に見える仕切りの奥にビジネスデスクがある。1975年6月11日　上野

モロ180-1のビジネスデスク。サロ151形のものよりスペースが狭く、幕板部の戸閉器カバーの張出しも長い。1975年4月10日

モロ180-2に残っていたビジネスデスク電気スタンド。客席との仕切りは乳白色のアクリル板に交換されている。1974年7月5日

れた。

　客室は前位寄りから便所（洋式）、洗面所、仕切開き戸を挟んでR17形2人掛けリクライニングシートが片側13脚ずつ52人分並び、後位寄り3位側に乗務員室兼荷物保管室、4位側にビジネスデスク、仕切り引き戸、出入り台という配置となっている。リクライニングシートはモロ151形と同様の改良型である。また、本形式の便所は洋式であり、便所入口には「和式便所はとなりの車にあります」との表記が取り付けられた。

モロ180-4（海側）　1974年9月21日　新宿

モロ180-6（山側）。グリーン車マークの左隣にあるビジネスデスクの窓は、サロ151形に比べ小型になっている。上越特急転用時に後位寄り屋根上に同調式ラジオアンテナが追設されているが、取付時期、他車への取付等は不明。1974年9月19日　御徒町

1961年の増備車では
ビジネスデスクを廃止

　1960年4月には2、4、6の3両が製造され、前年の3両と共に新たな12両編成の3号車に組み込まれた。

　1961年7月には10月の白紙ダイヤ改正に向け、7～12の6両が増備された。この増備車からビジネスデスクは荷物保管室に変更、ビジネスデスクの窓も廃止され、乗務員室兼荷物保管室は乗務員室に変更された。合わせて客室と出入台との仕切りがモロ151形と同様の位置に変更されている。

　なお、この改正を前に、回送運転台設置工事入場で編成から抜かれたサロ150形に代わり、早期落成車11、12のユニットをバラし4号車に組み込む措置が取られた。

1961年の増備車、モロ180-9の室内。シートは差込式テーブルの
オリジナル、ビジネスデスクを荷物保管室に変更したため後位側の
仕切りは開き戸になり、室内見付はモロ151形と同一になった。
1974年10月1日　上野

主電動機をMT54形に換装
モロ180形に改番

　1962年6月の広島電化に際し、1両が増備された。外幌廃止や行先札差しの位置変更はモロ151形と同様である。

　1964年10月の東海道新幹線開業により、1～5、7、9～11、13の10両が向日町に転出し、山陽・九州方面特急に活躍の場を移した。

　一方、田町に残った6と8は、1964年12月までに主電動機をMT46形からMT54形に換装した。この時点では改造後の形式をモロ180形とすることが未定で、出力増大改造車はステンレスナンバーを白く塗って区別しており、モロ180形への改番は1965年に行われた。12は1965年3月に浜松で出力増大改造が行われた。向日町のモロ150形も、1965年から順次出力増大改造が行われ、モロ180形となった。

　1968年10月以降、181系の山陽方面特急からの撤退が始まり、1973年には全車が関東に戻って上信越・中央特急に活躍した。1975年の181系運用大幅縮小によりモロ180形は7、12、13を残して廃車となり、残る3両も1978年に実施された「とき」の編成変更により廃車となった。

モロ150　車歴表

モロ150-1 ('59-11川車)	('66-5吹田)	モロ180-1 '75-8-18 廃車
モロ150-2 ('60-4川車)	('65-12吹田)	モロ180-2 '75-11-10 廃車
モロ150-3 ('59-11近車)	('66-1吹田)	モロ180-3 '75-5-14 廃車
モロ150-4 ('60-4近車)	('65-9吹田)	モロ180-4 '75-7-25 廃車
モロ150-5 ('59-11汽車)	('66-6吹田)	モロ180-5 '75-5-6 廃車
モロ150-6 ('60-4汽車)	('64-12大井)―('65-12大井) 出力増大	モロ180-6 '75-11-10 廃車
モロ150-7 ('61-7川車)	('65-8吹田)	モロ180-7 '78-6-14 廃車
モロ150-8 ('61-7川車)	('64-11大井)―('65-11大井) 出力増大	モロ180-8 '76-5-12 廃車
モロ150-9 ('61-7汽車)	('66-8吹田)	モロ180-9 '75-11-5 廃車
モロ150-10 ('61-8汽車)	('65-11吹田)	モロ180-10 '75-11-10 廃車
モロ150-11 ('61-6近車)	('66-7吹田)	モロ180-11 '75-9-1 廃車
モロ150-12 ('61-6近車)	('65-3浜松)	モロ180-12 '78-7-24 廃車
モロ150-13 ('62-4川車)	('66-4吹田)	モロ180-13 '79-1-30 廃車

1〜6のみに設置されたビジネスデスクを外から見る。サロ151形に比べテーブル幅が100mm短くなり、窓幅も770mmになった。行先札差の移設跡も確認できる。
モロ180-5

181系に残されたモロ150の痕跡

モロ150形は洋式便所、隣のモロ151形は和式便所を設置していたため、このような案内板が取り付けられた。
モロ180-1

差込式テーブルのリクライニングシートは、3、5、9、13(ユニットを組むモロ181形も同番号)に残っていた。
モロ180-5

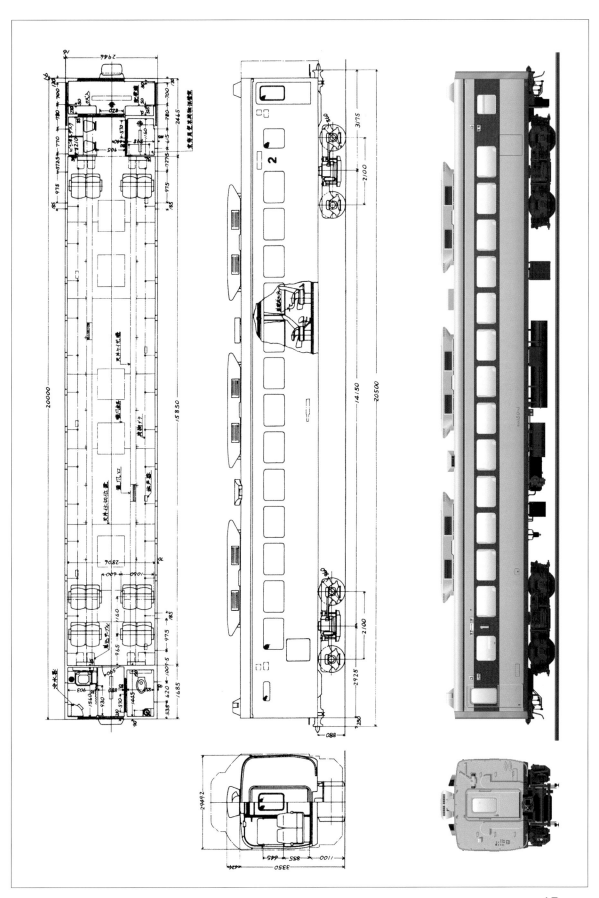

4 サロ150

回送運転台がない
もうひとつの付随2等車

編成図

←大阪　クロ151　モロ151　モロ150　サロ150　サロ151　サシ151　モハシ150　モハ151　サハ150　モハ150　モハ151　クハ151　東京→

サロ150-2を改番したサロ180-2。改造で回送運転台が追加され、尾灯とワイパーが見える。1975年7月10日　松本

　1960年6月の「つばめ」「はと」電車化に際し、1〜6の6両が製造された。先に製造されたサロ151形（72ページ参照）と異なり、回送運転台はなく、ビジネスデスクに代えて荷物保管室を設けたことから別形式となった。屋根上にはサロ151形と同様にラジオアンテナ6基が設置されたが、室内のレイアウト、寸法等はモロ151形と同一である。

　客室は前位寄りから便所（和式）洗面所、仕切開き戸を挟んでR17形2人掛けリクライニングシートが片側13脚ずつ52人分並び、後位寄り海側に乗務

国鉄151系

66

サロ180-1の室内。1974年10月23日　上野

員室、山側に荷物保管室、仕切り開き戸、出入り台という配置となっている。リクライニングシートはモロ151形と同様の改良型である。

　新製当時「ビジネスデスク」および洋式便所は交互の配置であったため、モロ151形と同様の案内表示板（58ページ参照）がそれぞれ取り付けられていた。

登場からわずか1年で
回送運転台を設置改造

　1961年10月の東海道本線電車特急の11両編成化に伴い、製造から1年余りで6両全車にサロ151形と同様の回送運転台設置改造工事が行われた。設置にあたってはサロ151形と同様、後位妻板に窓と手動ワイパー、ジャンパ栓納め、札掛け、テールライトを新設、屋根上には砲弾形前灯を設置し、排気送風機の位置を車体中央寄りに移した。これに合わせ、後位の横揺れ防止ダンパを撤去、貫通路引き戸の戸袋位置を左右逆に変更した。また回送運転台機器の収納スペースが出入台側に張り出すため、客用扉手前で斜めに切り落としたほか、回送時の誘導員用に客用扉戸袋引込み部分に掴み棒が

設置された。

　また「ビジネスデスク」の交互配置の原則が崩れたため、後位仕切に設置されていたビジネスデスクの誘導案内板は撤去された。

　この工事入場で編成から抜かれた本形式に代わり、早期落成車モロ151・150形のユニットをバラし4号車に組み込む措置が取られた。

サロ180-1に追設された回送運転台。1と6は回送運転台側妻面の塗り分けが後年まで残っていた。

サロ180-5の回送運転台機器箱。スペースの関係で旅客の乗降に支障しないよう、ドア側に切り欠きを設けてある。

67

サロ180-1。追加された簡易運転台の尾灯が見える。1975年6月7日　新宿

最終増備車のサロ180-11。新製時から回送運転台が設けられており、後位寄りの寸法が異なる。ラジオアンテナも形状、個数が変更されている。1975年2月13日　長野

最終増備車は回送運転台付き
事故対応で1両を先頭車化

　1962年6月の広島電化に際し、1両が新製された。今回は最初から回送運転台付きで新製され、後位入台の寸法が変更されたため番台区分されサロ150-11の番号が付与された。

　ラジオアンテナは同調式に変更され6基から4基になり、回送運転台のテールライトはサシ151形と同様に貫通路寄りに取り付けられた。

　1964年4月24日に草薙〜静岡間で発生した踏切事故によりクロ151-7が大破（のちに廃車）、10月の東海道新幹線開業までのピンチヒッターとして、サロ150-3を先頭車化改造することとなった。この改造およびその後の再改造の詳細については「増1号車」にて別途紹介する（116ページ参照）。

　1964年10月には1、4〜6、11の5両が向日町に転出、2のみが車種改造保留のまま休車扱いで田町に残った。1965年8月から順次サロ180形への形式変更が開始されたが、1966年夏には山陽系統

サロ180-4の室内。シートバックの袋はオリジナルのままだが、テーブルは肘掛に外付するタイプに改造されている。1975年1月8日　上野

1962年の増備車、サロ180-11の室内。サロ180形で唯一 AU12形改良型吹出口を備えていた。1975年2月13日　上野

サロ150　車歴表

サロ150-1 ('60-4川車)	('65-8吹田)		サロ180-1 '76-1-5　廃車
サロ150-2 ('60-4川車)	('69-6吹田)		サロ180-2 '75-11-25　廃車
サロ150-3 ('60-4近車)	('64-6浜松)→クロ150-3	('65-3浜松)→	クハ181-53 '75-11-10　廃車
サロ150-4 ('60-4近車)	('65-11吹田)		サロ180-4 '76-1-5　廃車
サロ150-5 ('60-4汽車)	('66-7吹田)		サロ180-5 '75-9-1　廃車
サロ150-6 ('60-4汽車)	('66-6大井)		サロ180-6 '75-11-25　廃車
サロ150-11 ('62-4川車)	('66-7吹田)		サロ180-11 '75-6-16　廃車

特急のサロ1両を減車し、これを10月に新設される信越特急へ転用することが決まり、向日町の5両全車が田町に戻った。

1969年10月の信越特急増発のため、長らく田町で休車となっていたサロ150-2がサロ180-2に形式変更のうえ復帰。これによって151系は系列として消滅した。

なお、1969年7月には本形式全車が長野運転所に移り、信越特急に専用されることになるが、1973年10月以降は受け持ち変更により、中央特急にも運用されることになった。

1975年6月に信越特急の運用が終了、同年12月には中央特急の運用も終了し、本形式は1975年度中に全車廃車となった。

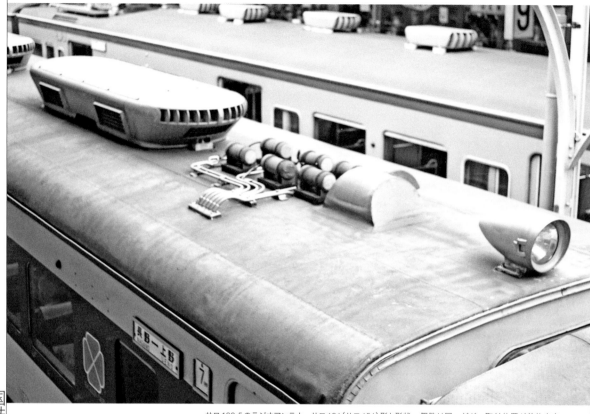

サロ180-5のラジオアンテナ。サロ181（サロ151）形と形状、個数は同一だが、取付位置が前位方向に寄っており、それに伴って配線もサロ151形とは異なる。1974年9月19日　上野

181系に残されたサロ150の痕跡

サロ180-5の出入台。追設の回送運転台機器は端部から235mmあるので、出入台部分がかなり狭く感じられる。4位側車掌スイッチは荷物保管室との仕切り壁に設置、内側掴み棒も回送運転台機器側は撤去されていた。1975年6月26日　上野

サロ180-1のビジネスデスク案内板撤去跡。1960年製の1〜6にはモロ151形と同様の「ビジネスデスクはとなりの車にあります」という案内板が後位仕切に取り付けられていたが、1961年10月の編成変更で撤去された。1974年10月23日　上野

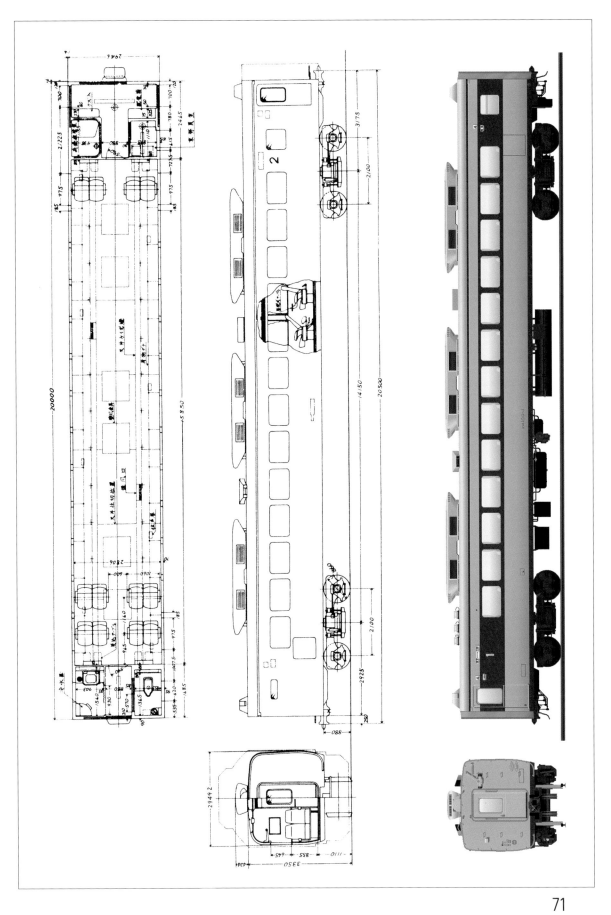

5 サロ151

20系の2等車として落成
内装は特別2等車並みに

編成図

←大阪　クロ151　モロ151　モロ150　サロ150　サロ151　サシ151　モハシ150　モハ151　サハ150　モハ150　モハ151　クハ151　東京→

デビュー当時のサロ25006。改番後はサロ151-6となった。写真／大那庸之助

　1958年11月のビジネス特急「こだま」デビュー時に、2等付随車サロ25形として6両が製造された。975mm幅の固定窓とシートピッチ1,160mmで配置されたリクライニングシートは、その後の国鉄特急形電車、気動車の特別車両における基本寸法となった。

　当初はモノクラスで計画されたビジネス特急で

あったが営業サイドから「2・3等特急とするべき」との意見が出された。すでに3等車は、従来の特急3等車と比べ格段のサービス向上を図った車両設計が進んでおり、これをさらに上回る2等車の設備とするため、シートピッチは当時の特別2等車並みとし、リクライニングシートは差込式テーブルを大型化のうえ、シートモケットは段織縞柄模様を採

サロ181-6の室内。リクライニングシートは改造されているが、AU11形ユニットクーラーはそのままで、サロ151形時代の面影を色濃く残している。1975年2月10日　新宿

用、シートラジオ、ビジネスデスクも設置された。

　デビュー当時は4両一組を向かい合わせにして運用を行ったため、後位側に入出場や方向転換時に使用する回送運転台を設けた。1960年6月の「つばめ」電車化による編成変更ではサシ151形の回送運転台と向かい合わせに編成され、大阪方5両と東京方7両に分割しての入出場が可能となった。

　客室は前位寄りから便所（洋式）洗面所、仕切り引戸を挟んでR17形2人掛けリクライニングシートが片側13脚ずつ52人分並び、客室後位寄り海側に冷水器、専務車掌室、山側に2人が利用できる「ビジネスデスク」、仕切り戸を挟んで出入り台という配置となっている。最前位の窓は非常用に下降させることができる。

　リクライニングシートは差込式テーブルを背面のビニール袋に入れるタイプで、肘掛の下にはシートラジオ用のイヤホン収納袋、第1第2放送選局切り替えスイッチがあった。

　「ビジネスデスク」は客席と型ガラスで仕切られ、客室窓と同様の975mm幅の窓に向かう形で2人分のライティングデスクとキャスター椅子、蛍光灯スタンドが置かれていた。仕切り板の支柱には「ビジネスデスク」の表示と「お仕事の整理にどうぞ」と書かれた案内板が取り付けられた。

　なお、営業列車のドア扱いはサロから行ったため、デッキ部分に通称「他これスイッチ」と呼ばれる自車・他車2系統を持つ車掌スイッチが設けられた。屋根上にはシートラジオ用の受信アンテナが6基設けられている。1959年、形式称号規程の改正によりサロ250001〜25006はサロ151-1〜6に改番された。

ビジネス特急ならではの設備として設けられた「ビジネスデスク」。しかし、2等客は重役層が中心で実際の利用はあまりなく、1961年以降の増備車では荷物保管室に変更され、残った車両も晩年は車販準備スペース代わりに使われることが多かった。写真はサロ181形に形式変更後

3両は普通車に大改造されて
上越・中央特急へ転用

　1961年10月の白紙ダイヤ改正から、151系はサロ1両を減車し11両編成となったが、1等車の便所を洋式と和式交互に配置する意味合いから、1962年から1963年にかけて洋式便所が和式便所に改造された。

　1964年10月、1〜5の5両が向日町に転出、山陽・九州方面特急に充当されたが、田町に残ったサロ151-6は車種変更見送りとなり、サロ151形のまま休車指定を受けることとなった。

　1965年秋から順次サロ181形への形式変更が開始されたが、1966年夏には10月に新設される信越特急への転用と、サハへ車種変更したうえで上越・中央特急へ転用することが決まった。形式変更未済のサロ151-1、5とサロ181形に形式変更されていたサロ181-4は新形式サハ181形に改造。サロ181-2、3はそのまま田町に戻った。

　サハ181は出入台と便所・洗面所の配置はサロ時代のままとし、客室部分を1,435mm幅の窓9枚に変更、片側18脚の回転クロスシートを設置、共通運用されるサハ180形と同様の72人とした。回送運転台設備は撤去され、屋根上のヘッドライト、ラジオアンテナも撤去されたが、妻板の窓はそのまま残された。

　1968年、信越線特急増発に伴い、長らく田町で休車であったサロ151-6がサロ181-6として復帰、サロ151形は形式消滅した。

　1970年に入ると、1958年に製造されたAU11形ユニットクーラーの経年劣化による漏水トラブルが相次ぎ、本形式についてもAU12形への取り換え工事が行われたが、長期休車であったサロ181-6のみはAU11形のまま生涯を終えた。

　1975年には上越特急へ183系1000番台を投入、信越特急の189系化により、サロ181形、サハ181形共に全車廃車となった。

「他」「これ」の表示のある車掌スイッチ。車掌は先に「他」のスイッチでドアを閉め、安全確認の後「これ」で自車のドアを閉めていた（ドアを開けるときは逆順）。

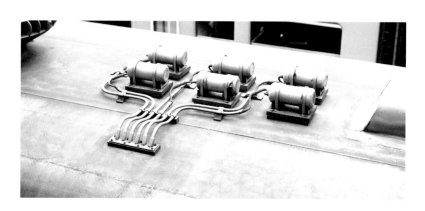

受信機のある専務車掌室の真上の屋根に設けられたラジオアンテナ。周波数に応じて東京〜神戸のNHK第1・第2放送受信に必要な6基が取り付けられた。しかし、シートラジオのサービス自体が、イヤホンの消毒に非常に手間がかかること、ポケットラジオの普及により需要が薄れたことに加え、1962年6月に運転区間が広島まで延びたこともあってあまり使われなくなってしまったが、アンテナは最後まで残っていた。

※このページの写真はすべてサロ181形に形式変更後

回送運転台、ラジオアンテナ、ビジネスデスクとサロ151形の特徴がそのままのサロ181-2。妻の塗装はクリーム4号の1色塗り。1975年7月10日　松本

晩年のサロ181-2。この車両は腰板部分の非常口追設工事が行われず、客室最前位の窓が下降できる構造がそのまま残っていた。1975年5月29日　新宿

格下げ改造されたサハ181-1。番号は元番号がそのまま使われた。客室は普通車の側窓とシートピッチに改造されたが、出入台と便所・洗面所の位置関係はサロ時代のままの配置である。1974年10月25日　秋葉原

サロ151　車歴表

サロ25001 ('58-9川車)	サロ151-1	('66-7大井)			サハ181-1 '75-5-14　廃車
サロ25002 ('58-9川車)	サロ151-2	('66-1吹田)			サロ181-2 '75-10-31　廃車
サロ25003 ('58-9近車)	サロ151-3	('66-1吹田)			サロ181-3 '75-5-14　廃車
サロ25004 ('58-9近車)	サロ151-4	('65-9吹田)	サロ181-4	('66-9大井)	サハ181-4 '75-5-14　廃車
サロ25005 ('58-9汽車)	サロ151-5	('66-8大井)			サハ181-5 '75-8-27　廃車
サロ25006 ('58-9汽車)	サロ151-6	('68-11大船)			サロ181-6 '75-8-18　廃車

サロ181-6の出入台。当初から回送運転台が設置されていたため、4位の車掌スイッチは妻板側に設置、内側掴み棒も両側にある。
1975年6月26日　上野

サハ181-1の回送運転台撤去跡。
窓だけでなくワイパーも残されてい
る。1975年3月27日　上野

181系に残されたサロ151の痕跡

サハ181-1のラジオアンテナ撤去跡。
排気送風機（突起部分）は、ヘッドライ
トがあったため車体中央に寄っていた。
1975年3月27日　上野

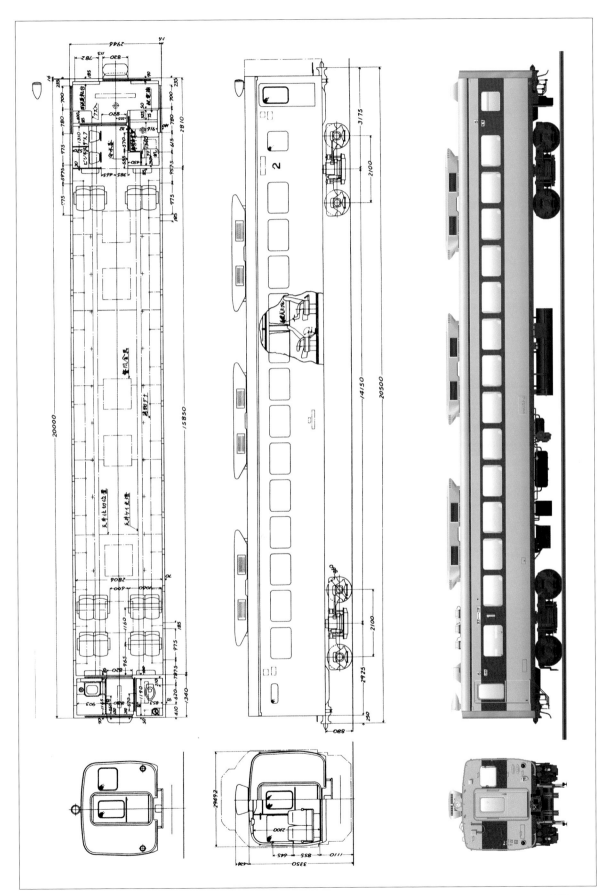

6 サシ151

特急に欠かせない食堂車を初めて電車にも導入

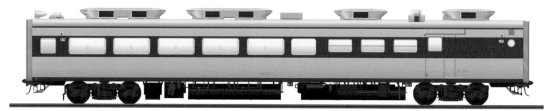

編成図

←大阪　クロ151　モロ151　モロ150　サロ150　サロ151　サシ151　モハシ150　モハ151　サハ150　モハ150　モハ151　クハ151　東京→

「つばめ」運用に就くサシ151-6。1961年10月時点で妻面が塗り分けられていないことが確認できる貴重な一コマ。1961年10月1日　東京
写真／伊藤威信（RGG）

　1960年6月の「つばめ」「はと」電車化に際し、1～6の6両が製造された。電車初の本格的食堂車で、クロ151形（46ページ参照）と共に、電車が日本を代表する特急列車に進出したことを象徴する形式である。仕切扉に自動ドアを採用したのも、固定窓シールゴムの外側にステンレスの薄板を被せて輪郭を引き立たせる細工を施したのも、クロ151形と本形式のみに見られる特別仕様である。

　半室ビュフェ2両でサロを挟む編成でスタートしたビジネス特急用の編成は、この時から食堂車とビュフェを隣り合わせにした編成に改められた。15年後、新幹線0系においても同様の経緯をたどったのは興味深い符合といえよう。

　また、ビュフェ2両でサロを挟む考え方は、翌1961年の153系東海道本線急行編成に受け継がれている。

前位側から調理室方向を撮影した、サシ181-11の食堂内部。座席はFRP製のものに交換されている。1975年3月25日　上野

新しい内装や設備で
看板特急らしい内装に

　サシ151形の基本設計は、1958年に製作された20系客車のナシ20形に準じた、4人掛けテーブルを片側5個ずつ配置した定員40人の食堂と、完全電化の調理室で構成される。室内は前位寄りから回送運転台、食堂従業員控室、仕切り開き戸を挟んで、定員40人の食堂、勘定台、冷水器、山側に自動ドアを挟んで通路、海側に調理室を設けてある。後位妻には手洗器とエアタオル、調理室側には食堂従業員用の小便所が設けられた。

　食堂内前位寄り仕切りの開き戸上部には「列車位置表示装置」、仕切壁山側には角型2針式電気時計が設けられた。食道テーブルは清掃を考慮した片持ち式、窓のカーテンには裾部分にもレールを設け、カーテンと料理との干渉を防ぐと共に、ロール式のサランカーテンも併設している。

　食堂内仕切り壁、腰板部、通路には細かな格子模様のアルミヒッターライトが使われ、明るく清潔な雰囲気となっている。さらに勘定台部分にはV字型のモダンアート調の飾りが設けられ、調理室との仕切りを兼ねた飾り棚と共に、近代的な印象になっている。

　なお、喫煙室は従業員控室に変更し、業務用扉は開き戸から外吊り式に改められたほか、調理室にも冷房を設置、従業員用の小便所と共に食堂従業員の労働環境に配慮した設計となっている。

前位寄り入り口に設置された「列車位置表示装置」。単1乾電池4本で駅名表示の上にある赤いマークを駆動する。
写真／国鉄パンフレットより

サシ181-11。1961年の増備車で、回送運転台側にステップと手すりが見える。また妻も塗り分けのまま残っている。1974年9月25日　御徒町

5両は「とき」の食堂車
連結終了まで活躍

　1961年10月の白紙ダイヤ改正に際して、7〜11の5両が増備された。調理室の一部に改良が加えられたほか、回送運転台使用時の誘導用ステップと、車体埋め込みの手すりが設けられた。ユニットクーラーの吹出口は、食堂車であることから丸型デザインのものが引き続き採用された。

　1962年6月の広島電化に際し、12が増備された。基本は7〜11と同様であるが、エアタオルは新幹線35形にも採用される新型に変更されている。

　1964年10月に1〜5、7、8〜12の10両が向日町に転出、山陽・九州方面特急に充当され、田町に残った6、8は、1964年中に電動車の出力増大改造に対応、ステンレスナンバーを白く塗って区別した。

　1965年から1966年にかけてサシ181形に形式変更され、1968年から向日町のサシ181形は順次関東に戻り、耐寒耐雪改造を受ける。

　1975年に183系1000番台への置き換えが開始され、1〜5、8、10の7両が廃車されたが、残る5両は1978年10月の181系「とき」編成変更により食堂車の連結が取りやめとなるまで、直流特急形電車唯一の食堂車として活躍した。

サシ181-3の通路。通路奥の自動扉は解放状態である。
1975年6月19日　上野

1961年の増備車、モロ180-9の室内。シートは差込式テーブルの
オリジナル、ビジネスデスクを荷物保管室に変更したため後位側の
仕切りは開き戸になり、室内見付はモロ151形と同一になった。
1974年10月1日　上野

サシ181-4のエアタオル。モハシ150形の角型から丸
型に改良された。1975年1月10日　上野

サシ151　車歴表

サシ151-1	('66-5吹田)	サシ181-1
('60-4川車)		'75-3-11　廃車
サシ151-2	('65-12吹田)	サシ181-2
('60-4川車)		'75-5-13　廃車
サシ151-3	('66-2吹田)	サシ181-3
('60-4近車)		'75-11-25　廃車
サシ151-4	('65-9吹田)	サシ181-4
('60-4近車)		'75-11-10　廃車
サシ151-5	('66-6吹田)	サシ181-5
('60-4汽車)		'75-11-10　廃車
サシ151-6	('64-12大井) ―('65-12大井) 出力増大対応	サシ181-6
('60-4汽車)		'78-8-14　廃車
サシ151-7	('66-9吹田)	サシ181-7
('61-7川車)		'78-6-14　廃車
サシ151-8	('64-11大井) ―('65-11大井) 出力増大対応	サシ181-8
('61-7川車)		'75-3-11　廃車
サシ151-9	('65-7吹田)	サシ181-9
('61-7汽車)		'78-8-14　廃車
サシ151-10	('65-11吹田)	サシ181-10
('61-8汽車)		'75-3-11　廃車
サシ151-11	('66-7吹田)	サシ181-11
('61-6近車)		'78-8-14　廃車
サシ151-12	('66-4吹田)	サシ181-12
('62-7川車)		'79-1-3　廃車

サシ181-9の側窓。シールゴムの外側にはステンレスの化粧カバーが取り付けられている。1974年7月19日　上野

サシ181-5の回送運転台。晩年まで妻の塗り分けが残っていた。1975年3月25日　上野

サシ181-5の業務用外吊扉。食材搬入のため開いたところで、左脇のドアランプが点灯している。屋根上には大型排気扇、調理室用のユニットクーラーが見える。1975年9月29日　上野

181系に残されたサシ151の痕跡

サシ181-2の列車位置表示装置撤去跡。仕切の化粧板も交換されている。1974年10月29日　上野

サシ181-12のエアタオル。新幹線ビュフェ車にも採用された改良型で、81ページのサシ181-4のものとの違いに注目。1975年3月25日　上野

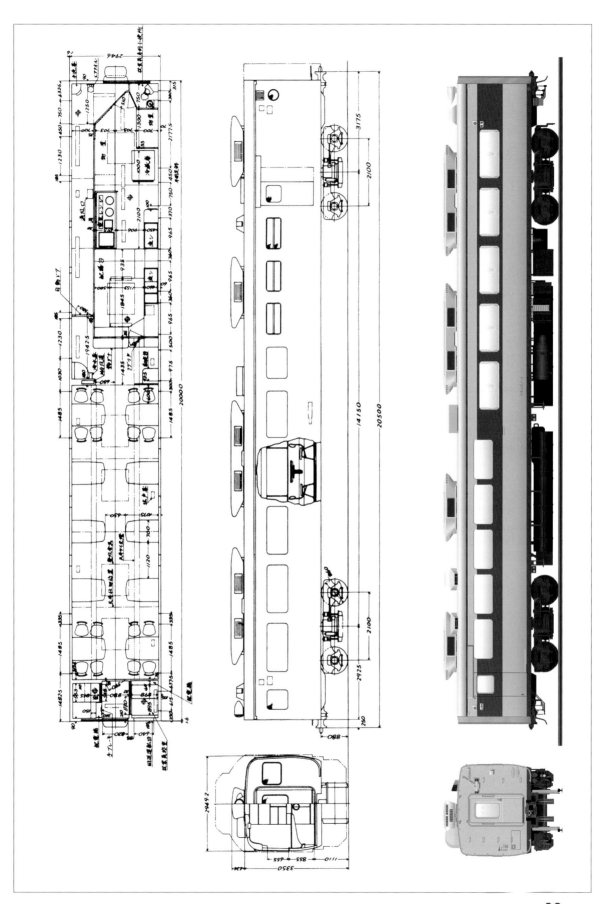

83

7 モハシ150

ビジネス特急に合わせた簡易な軽食堂車

編成図

←大阪　クロ151　モロ151　モロ150　サロ150　サロ151　サシ151　モハシ150　モハ151　サハ150　モハ150　モハ151　クハ151　東京→

国鉄151系

20系を名乗っていた頃のモハシ21002（モハシ150-2）。写真は調理室側。屋根上手前と中央部には公衆電話用の円形アンテナが準備されている。
1959年4月11日　東京　写真／伊藤威信（RGG）

　1958年11月のビジネス特急「こだま」デビュー時に、モハ20（のちのモハ151）形とユニットを組む3等食堂合造電動車モハシ21形として6両が製造された。ビジネス特急としての設計であったため本格食堂車とはせず、前位側半室を3等車、後位側半室をカウンター立食の軽食堂車ビュフェとした。

　車体形状は中央に出入台を持つ独特のスタイルで、ビュフェカウンター側は立った姿勢での展望が楽しめるように窓下端が他形式に比べ225mm高い位置としている。調理室側は明り取り用に小型の

84

モハシ21004（モハシ150-4）のビュフェ。下り「第2こだま」の発車13分前、営業前にもかかわらずビジネス特急を一目見ようというギャラリーでにぎわっている。1958年11月3日　東京　写真／辻阪昭浩

窓を3個設けている。

　屋根上のユニットクーラーは客室とビュフェにそれぞれ3基ずつとしたため、両端部のカバーは1基用のものが使われている。また、列車公衆電話の準備として、円形アンテナが4基設置されている。

　デビュー当時はサロ25（サロ151）形2両を本形式で挟む編成を組み、2等車を3等客が通り抜けることのないように配慮されていた。1960年6月の「つばめ」電車化による編成変更ではサシ151形の次位に連結され、食堂車を編成中央部に配置し大阪方5両を2等車、東京方5.5両を3等車とすることで、2等客と3等客の分離を図っている。

　1959年、形式称号規程の改正によりモハシ210001～21006はモハシ150-1～6に改番された。

　室内は前位寄りから便所と物置、仕切り引戸を挟んで、1,435mm幅（最前位のみ720mm幅）の固定窓とシートピッチ910mmで配置された回転クロスシートが片側9脚ずつ36人分並ぶ。最前位の窓は非常用に下降させることができる。

　仕切引戸に挟まれた形で車体中央に出入台、ビュフェは海側に調理スペース、車体ほぼ中央に400mm幅のカウンター、山側には窓下に273mm幅のテーブルが設置されている。出入台側仕切壁

には、速度計とエアタオルが設けられ、後位寄りには、資材積込用の業務用開き戸、電話室（実際の公衆電話サービス開始は1960年8月20日）、電話乗務員室、控え室となっている。

ビジネス特急ならではの立食形式の食堂車は、「ビュフェ」と呼ばれたが、当時はほとんどなじみのない呼び名で、「ビュッフェ」と「ッ」を入れて呼ぶことも多かった。出入台側の仕切り壁には、速度計とエアタオルが設けられた。大きな花瓶に活けられた花からも、当時の華やかさが伝わってくる。1958年11月3日　写真／辻阪昭浩

12両編成化で組み合わせを変更 サシ151の隣に連結

1958年11月の「こだま」運転開始から1年ほどは、サロ151形2両を本形式で挟む編成を組んでいたが、1959年12月からは暫定12両化により、2等車を本形式で挟む原則は崩れた。1960年6月の「つばめ」「はと」電車化以降は、サシ151形の隣に前位を東京方にして連結されることになった。同年8月20日から列車電話サービスが開始され、ユニットクーラーカバー上部に環状スロット空中線アンテナを新たに4基設置、準備工事の円形アンテナから配線を立ち上げる改造が行われた。

1961年10月のダイヤ改正で7〜12の6両が増備された。外観上では調理室側の小窓が3枚から2枚に変更され、電話室の位置も海側に変更され側窓が新設された。ビュフェの業務用扉は開戸から引戸に変更され、車側表示灯が設けられた。屋根上では円形アンテナに代えて、列車電話用環状スロット空中線アンテナ4基が設けられた。後位側台車には業務用扉昇降用ステップ代わりのステーが取り付けられた。

室内はビュフェ内の電話室の位置が海側に変更され、調理室の機器配置も改められた。エアタオル

はサシ151形と同系の丸型に変更。なお、ビュフェ部分のクーラー吹出口は丸型のものを使用している。

1962年6月の広島電化に合わせ、13が増備されたが、7〜12と大きな変更はない。

1964年10月に1〜5、7、10〜13の10両が向日町に転出、山陽・九州方面で東海道時代と同様、サシ151形の次位に連結され活躍を続けた。1965年から1966年にかけて出力増大改造を受け、元番号はそのままでモハシ180形に形式を改めた。

半室ビュフェ車から 全室普通車に大改造

田町に残った6、8、9の3両は1965年1〜3月に浜松工場で車種変更改造が行われ、元番号に50を足しモハ180-56、58、59となった。改造は車体部分をモハ180形と同様の形態に改め、ビュフェ部分のユニットクーラーを中央寄りに移設する大掛かりなものであったが、モハ180形の基本番台車とはユニットクーラーの形状と配置により簡単に見分けられる。また1958年製の56には屋根中央付近にガーランドベンチレーターが追設された。

客室部分はモハシ時代の座席位置をそのままとしたため、前位の仕切壁が120mm厚くなり、後位に移設された出入台が120mm狭くなっている。

ユニットクーラー上に公衆電話用のアンテナ装着後のモハシ150-6。87ページのモハ180-52とは反対側面になる。1961年10月1日　東京　写真／伊藤威信(RGG)

国鉄151系

モハシから改造されたモハ180-52。ユニットクーラーの配置、ユニットクーラー上に残された電話用アンテナ、押込式通風器など改造前の面影が随所に見られた。1975年4月19日　新宿

モハシ151　車歴表

モハシ21001 ('58-9川車)	モハシ150-1	('66-5吹田)	モハシ180-1	('68-12浜松)	モハ180-51 '76-1-5　廃車
モハシ21002 ('58-9川車)	モハシ150-2	('65-12吹田)	モハシ180-2	('68-7浜松)	モハ180-52 '75-10-31　廃車
モハシ21003 ('58-9近車)	モハシ150-3	('66-1吹田)	モハシ180-3	('71-2吹田)	モハ180-53 '75-5-6　廃車
モハシ21004 ('58-9近車)	モハシ150-4	('65-9吹田)	モハシ180-4	('70-10吹田)	モハ180-54 '75-5-12　廃車
モハシ21005 ('58-9汽車)	モハシ150-5	('66-1大井)	モハシ180-5	('70-12吹田)	モハ180-55 '75-6-16　廃車
モハシ21006 ('58-9汽車)	モハシ150-6	('65-3浜松)			モハ180-56 '75-11-25　廃車
	モハシ150-7 ('61-7川車)	('66-8吹田)	モハシ180-7	('71-3吹田)	モハ180-57 '75-10-31　廃車
	モハシ150-8 ('61-7川車)	('65-3浜松)			モハ180-58 '76-1-17　廃車
	モハシ150-9 ('61-7川車)	('65-1浜松)			モハ180-59 '78-6-14　廃車
	モハシ150-10 ('61-7川車)	('65-7吹田)	モハシ180-10	('70-12吹田)	モハ180-60 '75-8-27　廃車
	モハシ150-11 ('61-8汽車)	('65-11吹田)	モハシ180-11	('73-5小倉)	クモヤ190-1 '83-2-28　廃車
	モハシ150-12 ('61-6近車)	('66-7吹田)	モハシ180-12	('71-3吹田)	モハ180-62 '76-1-5　廃車
	モハシ150-13 ('62-4川車)	('66-4吹田)	モハシ180-13	('71-3吹田)	モハ180-63 '79-2-20　廃車

またユニットクーラーの室内吹出口がビュフェ部分と客室部分とで異なる58と59は改良型に統一された。

1968年10月の改正に合わせ、向日町の1、2がモハ180-51、52に改造され関東に戻った。改造方法は1965年の改造と同様であるが、52はユニットクーラー上部のアンテナカバーが残され、便所の窓位置がやや低くなっていた。

1969年7月には新製されたモハ180-115にユニットの相方を取られた4が休車扱いとなった。

1970年10月にはビュフェ車自体の利用率が低いことから向日町の3〜5、7、10、12、13の7両がモハ180-53〜55、57、60、62、63に改造された。改造方法は前回と同様であるが、天井は多孔吸音板からメラミン化粧板に変更され、54はガーランドベンチレーターが取り付けられず、60はユニットクーラー上部のアンテナカバーが残された。この際、休車であった4を復活、モハ181-25とユニットを組み替え、入れ替わりに11が休車扱いとなった。

その後もモハ180に改造された7両は、1973年までに順次関東に戻った。最後までモハシ180のまま残った11は、1973年5月に電気検測車クモヤ190-1に改造されモハシの形式は消滅した。

モハ180-50番台に改造された51〜63(61は欠番)の12両は1973年以降、新潟と長野でそれぞれ基本番台車と同様に運用されたが、183系・189系への置き換えにより1978年までに全車廃車となった。

181系に残されたモハシ150の痕跡

3等食堂合造電動車から3等車の車体に大きく改造されたため、モハシ150時代の面影は流用されたユニットクーラー周辺に多く見られた。

モハ180-59の室内。前位から元ビュフェ方向を撮影したもので、天井のクーラー吹出口配置がモハシ改造車を物語る。吹出口形状は客室用の改良型に統一されている。1975年6月19日　上野

モハ180-62出入台。寸法は
基本番台に比べ120mm狭く、
扉脇の掴み棒も片側はレールタ
イプに変更されている。
1974年12月6日　上野

基本番台に比べ120mm厚いモハ180-56の
前位仕切り壁。種車の化粧板をそのまま流用
しているため、製造銘鈑下の「便所使用知ら
せ灯」を後位仕切に移設した痕跡が残ってい
る。天井のルーバーは前位端の排気扇吸込
口である。1975年9月1日　上野

モハ180-60のアンテナカバーの
全景(左)とアップ(右)。アンテナ
カバーが残っていたのは52と60
のみだった。1975年3月25日
上野

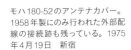

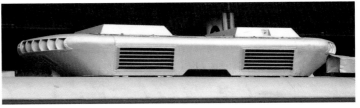

モハ180-52のアンテナカバー。
1958年製にのみ行われた外部配
線の接続跡も残っている。1975
年4月19日　新宿

国鉄151系

モハ180-54には、他の1958年製改造車に追設されたガーランドベンチレーターが取り付けられなかった。1975年6月10日　上野

89

モハ180-54に残る痕跡。アンテナカバーは取り外されていたが、外部配線の痕跡がユニットクーラーのルーバー上端のアングルと、屋根部分の凸部に残っている。1975年12月24日　上野

モハシ150形の形式番号の残る非常用梯子（モハ180-57）。
1975年7月11日　新宿

モハ180-56。51、52、56にはモハシ時代に追設された押込式通風器が残っていた。後位側妻板には、1958年製電動車に追設された主電動機冷却用風道がないことから、これに替わる通風器であると推定される。
1975年6月13日　上野

交通博物館で展示されていたモハン21005の車内ナンバープレート。当時は数字のみで形式は省略されていた。

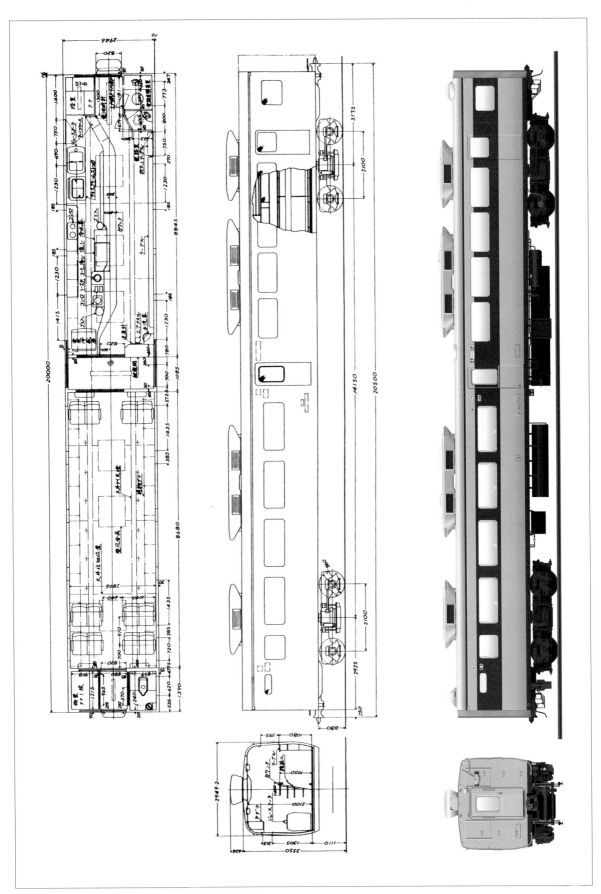

8 11 モハ151

モハ20系電車の心臓部
主要機器を搭載する電動車

編成図

←大阪　クロ151　モロ151　モロ150　サロ150　サロ151　サシ151　モハシ150　モハ151　サハ150　モハ150　モハ151　クハ151　東京→

国鉄151系

　1958年11月のビジネス特急「こだま」デビュー時に、モハシ21（モハシ150）形とユニットを組む3等電動車モハ20形として6両が製造された。モハ20系の心臓部ともいうべき本形式は、主制御器、主抵抗器を装備し、2基のパンタグラフを搭載しているM車である。

　室内は前位寄りから乗務員室と物置、仕切引戸を挟んで、1,435mm幅（最前位のみ720mm幅）の固定窓とシートピッチ910mmで配置された回転クロスシートが片側17脚ずつ68人分並ぶ。後位側仕切引戸を挟んで出入台、後位端部に便所と洗面所を設置している。物置の腰板部分にはごみ搬出

デビュー当時のモハ20006。形式改称後はモハ151-6となった。写真／大那庸之助

モハ181-1の車内。ユニットクーラーはAU12形に交換されているが、通風金具のない連続した蛍光灯カバーや、仕切引戸の上部にある逆台形の換気扇吸込口など、1958年製車の特徴が残っている。1975年9月12日　新宿

用のシャッターが設置され、最前位の窓は非常時の脱出用にハンドル操作により下降できる。

1959年、形式称号規程の改正によりモハ200001〜20006はモハ151-1〜6に改番された。

151系初の番代区分となる10番台を増備

1960年6月の「つばめ」「はと」電車化に際し、モハ150形とユニットを組むモハ151-11〜16の6両が増備された。今回の増備車から主抵抗器をモロ151形(54ページ参照)と同様のMR30形とし、乗務員室を専務車掌室に変更したため151系初の番台区分を設定、10番台とした。

モロ151形と同様に、前位側パンタグラフの関係で、前位寄りの客席とクーラー吹出口との距離が離れてしまうことから、モロ151形と同じくこの部分に扇風機を取り付け、クーラーのデザインに合わせた小型の吹出口を設けた。しかしこの変更については、なぜかモハ151-11以降を示す形式図には反映されていない。

1961年6月から8月にかけ、10月の白紙ダイヤ改正に向けた17〜28の14両が増備された。今回からユニットの相手方は17、20、22、24、26、27がモハ150-7〜12に、18、19、21、23、25、28はモハシ150-7〜12となった。この増備車の本形式独自の設計変更はない。

また1961年8月から9月にかけ1〜6の主抵抗器をMR35形に交換、主電動機の冷却用に妻面にたわみ風道を設ける改造が行われた。

1962年6月の広島電化に伴い2両が増備され、本形式は26両となった。ユニットの相手方は29がモハ150-13、30がモハシ150-13である。

車端寄りの腰部に設けられたごみ搬出用のシャッターと下降式の非常用窓(右寄りの窓)。モハ181-3　1975年2月28日　上野

田町残留車から
主電動機の換装改造を実施

1964年5月からは1、4、5、11、14、15、17、18、22、23、26、28の12両に九州乗り入れ改造工事が順次実施され、モロ151形と同様にパンタグラフをPS16E形に交換されている。

1964年10月の東海道新幹線開業により、1〜5、11〜15、17、18、22〜26、28〜30の20両は向日町に転出し、山陽・九州方面特急に活躍の場を移した。

一方、田町に残った16、20、27の3両は、1965年1月までに主電動機をMT46形からMT54形に換装し、合わせて主制御器をCS12A形からCS15B形へ変更し、161系と同様の抑速発電ブレーキを装備する出力増大改造を行った。モロ151形同様MR30形、MR35形主抵抗器も強制通風式のMR78形に変更された。改造車はステンレスナンバーを白く塗って区別し、モハ181形への改番は1965年に行われた。6、19、21はモハシ150形のモハ180形への改造と同時に浜松工場で出力増大改造を行った。

向日町のモハ151形も、1965年から順次出力増大改造が行われモハ181形となった。

元151系では唯一
最後まで残ったモハ151-29

1968年10月白紙ダイヤ改正から1973年にかけて、向日町のモハ181形の関東転配が順次行われた。4は1969年に7月新製されたモハ180-115とユニットを組み替えた。1970年10月にはモハシ180-4がモハ180-54に改造復帰、代わってモハシ180-11が休車となり、25とモハ180-54が新たにユニットを組んだ。

1973年5月には山陽特急から181系が撤退、1975年には廃車が始まり、「あさま」からの181系撤退による転配で4が廃車となり、代わって23がモハ180-115とユニットを組んだ。

元151系は多くが1975年度中に廃車となる中、モハ180形と並んで最もポピュラーな形式である本形式は7両が1978年まで活躍した。

1979年1月に発生した踏切事故によってモロ181形を改造したモハ181-202が廃車となり、廃車予定の29が急きょモハ180-202の相方として復活。1982年10月の上越新幹線にバトンを渡すまで残った唯一の元151系となった。

サンロクトオに向けて1961年に増備されたモハ181-18。1974年7月30日　新宿

国鉄151系

モハ151　車歴表

原型の丈の高いパンタ台、LA13形避雷器。モハ181-4
1975年4月20日　上野

1960年の増備車から、前位寄りパンタ部分に扇風機が取り付けられた。屋根には155系と同様の円錐台形の突起があるが、パンタの下で目立たない。モハ181-17
1975年3月25日　上野

モハ20001 ('58-9川車)	モハ151-1	('66-5吹田)	モハ181-1 '76-1-5 廃車
モハ20002 ('58-9川車)	モハ151-2	('65-12吹田)	モハ181-2 '75-10-31 廃車
モハ20003 ('58-9近車)	モハ151-3	('66-1吹田)	モハ181-3 '75-5-6 廃車
モハ20004 ('58-9近車)	モハ151-4	('65-9吹田)	モハ181-4 '75-8-27 廃車
モハ20005 ('58-9汽車)	モハ151-5	('66-6吹田)	モハ181-5 '75-6-16 廃車
モハ20006 ('58-9汽車)	モハ151-6	('65-3浜松)	モハ181-6 '75-11-25 廃車
	モハ151-11 ('60-4川車)	('66-5吹田)	モハ181-11 '75-8-27 廃車
	モハ151-12 ('60-4川車)	('65-12吹田)	モハ181-12 '76-5-12 廃車
	モハ151-13 ('60-4近車)	('66-2吹田)	モハ181-13 '78-11-5 廃車
	モハ151-14 ('60-4近車)	('65-9吹田)	モハ181-14 '78-7-24 廃車
	モハ151-15 ('60-4汽車)	('66-6吹田)	モハ181-15 '75-5-6 廃車
	モハ151-16 ('60-4汽車)	('65-1大井) 出力増大 ('65-11大井)	モハ181-16 '78-9-16 廃車
	モハ151-17 ('61-7川車)	('65-8吹田)	モハ181-17 '78-6-14 廃車
	モハ151-18 ('61-7川車)	('66-8吹田)	モハ181-18 '75-10-31 廃車
	モハ151-19 ('61-7川車)	('65-3浜松)	モハ181-19 '76-1-17 廃車
	モハ151-20 ('61-7川車)	('64-11大井) 出力増大 ('65-11大井)	モハ181-20 '76-1-17 廃車
	モハ151-21 ('61-11川車)	('65-1浜松)	モハ181-21 '78-6-14 廃車
	モハ151-22 ('61-7汽車)	('66-8吹田)	モハ181-22 '76-1-5 廃車
	モハ151-23 ('61-7汽車)	('65-7吹田)	モハ181-23 '78-6-14 廃車
	モハ151-24 ('61-8汽車)	('65-11吹田)	モハ181-24 '75-8-27 廃車
	モハ151-25 ('61-8汽車)	('65-11吹田)	モハ181-25 '76-5-12 廃車
	モハ151-26 ('61-6近車)	('66-7吹田)	モハ181-26 '75-10-31 廃車
	モハ151-27 ('61-6近車)	('64-11大井) 出力増大 ('65-11大井)	モハ181-27 '75-8-27 廃車
	モハ151-28 ('61-6近車)	('66-7吹田)	モハ181-28 '76-1-5 廃車
	モハ151-29 ('62-4川車)	('66-4吹田)	モハ181-29 '82-10-23 廃車
	モハ151-30 ('62-4川車)	('66-4吹田)	モハ181-30 '79-2-20 廃車

国鉄151系

95

181系に残されたモハ151の痕跡

モハ151形はモハ181形に改造された際、主抵抗器が強制通風式となったため、この部分の変化が大きいが、それ以外は151系時代の面影を多く残していた。

1960年製の11〜16はAU12形丸型吹出口を備え、最前位に扇風機の吹出し口がある。モハ181-14

11〜は物置のシャッター手掛けが左右に離れた形状に変更された。また、腰板部分に非常用脱出口が設けられた。避雷器はLA15形に取り換えられている。モハ181-14　1975年2月6日　上野

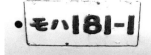

モハ20形由来の台座に取り付けられた切抜きナンバー。1975年7月11日　新宿

1958年製のモハ151形は妻板に横揺れ防止ダンパの取り付け、主電動機の冷却用ダクトの追設の改造が行われたほか、下降窓をやめ、非常用脱出口を追設する改造工事も行われた。モハ181-1は追設非常口の位置が中央に寄っていたほか、3についてはこの工事は行われなかった。モハ181-1　1975年8月25日　新宿

モハ151形の形式番号の残る非常用梯子。モハ181-18

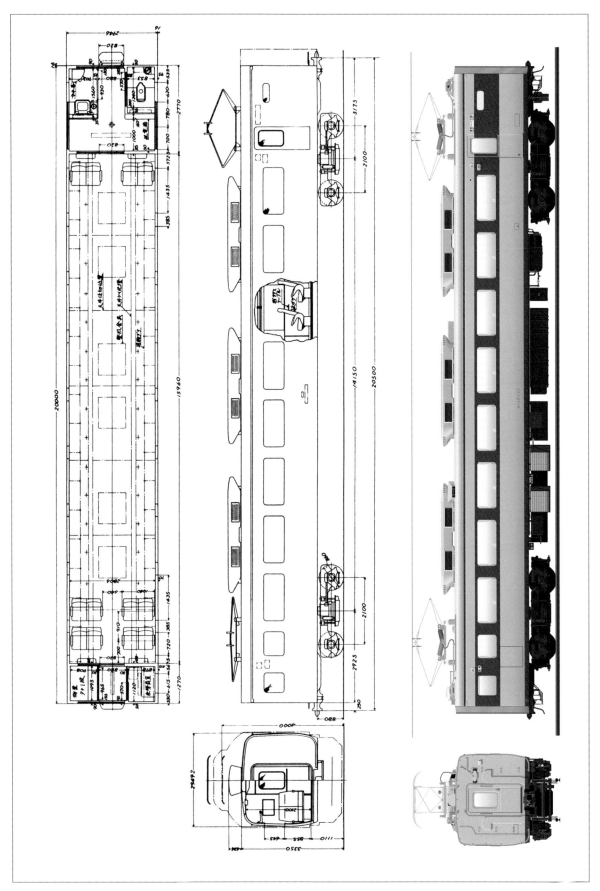

97

9 サハ150

モハ150と同一の車体を持つ
151系初の3等付随車

編成図

←大阪　クロ151　モロ151　モロ150　サロ150　サロ151　サシ151　モハシ150　モハ151　サハ150　モハ150　モハ151　クハ151　東京→

国鉄151系

営業運転が始まったばかりの頃のサハ150形。「34-11　汽車東京」の表記があり、サハ150-5か6の模様。外幌の様子もわかる。1959年12月6日
田町電車区　　写真／宮地 元(RGG)

　1959年12月に製造された3等付随車で、当時すでに設計がまとまっていたモハ150形と同一の車体を持つことから、サハ150形と偶数形式が与えられた。翌60年6月の「つばめ」「はと」電車化用の増備車両を繰り上げて「こだま」編成増強に投入し

たもので、1〜6の6両が製造されている。

　151系初の3等付随車で、同時に製造されたモロ151形、モロ150形と共に1959年12月から「こだま」の暫定12両化に充当された。車体はモハ151形（92ページ参照）の乗務員室と物置を客室とし、最

1963年の最終増備グループ、サハ180-22。外幌が廃止され、キャンバス止めの形状が変更されている。1974年9月21日　新宿

前位の窓も 1,435mm 幅に変更、本系列中最大の定員72人を誇る。

　客室は前位貫通扉から360mm厚の仕切壁を介し、片側18脚の回転クロスシートが並ぶ。仕切引戸を挟んで3位側に便所、4位側に洗面所を持つ。

　1961年10月の白紙ダイヤ改正を前に7〜11の5両が増備され、1962年6月の広島電化で12が増備された。

　増加し続ける輸送需要に対応すべく、新幹線開業を1年後に控えた1963年10月から、東海道本線の特急を再び12両編成とすることになり、151系最後の新製車として13〜24の12両が増備された。これにより151系は奇しくも系列名と同じ151両の陣容となった。

20両は山陽・九州特急に 改番は田町残留車から

　1964年10月の東海道新幹線開業により、1〜5、7、9〜17、19、21〜24の20両が向日町に転出し、山陽・九州方面特急に活躍の場を移した。

　一方田町に残った8、18、20の3両は、出力増大対応改造を受けステンレスナンバーを白く塗って区別した。サハ180形への改番は1965年に行われた。6は浜松工場で出力増大対応改造を受けサハ180形となった。

1959年製サハ180-3の室内。AU12の丸型吹出口が並び、手前には前位端部屋根上に設置した排気扇の室内側吸込口が見える。1975年6月11日　上野

サハ150-18の形式番号の残る、サハ180-18の非常用梯子。1975年9月9日　新宿

サハ150-13→サハ180-13の先頭車化改造で誕生したクハ181-72。1975年9月1日　御徒町

2両が先頭車化改造され
クハ181-70番台が誕生

　1968年10月の白紙ダイヤ改正に合わせ、向日町から1〜3、13、14の5両が田町に戻った。その内、1と13は車両需給の関係で、クロ150形の改造実績がある浜松工場でクハ181-71、72への先頭車化改造が行われた。改造に際しては台枠を延長、前位にクハ181-100番台と同様のボンネット運転台が設置された。

　主要寸法等はクハ181形基本番台と変わりないが、先頭車化改造ということで、70番台が起こされた。運転台直後のユニットクーラー上に押込式通風器がない点、形式番号の切抜きナンバーが1958

年製と同様の台座を介して取り付けられている点などが目立つ差異である。

　1969年以降も関東への転配が続き、1973年5月には5がクモヤ191形に改造され、サハ180形は21両全車が新潟、長野の両運転所に集結した。

　1975年には1959年製車と長野運転所の所属車を中心に廃車が始まり、新潟に残った8両も1978年の「とき」編成変更により廃車となった。

　サハ150形は、サハ180形に改造後もさほど大きな変化はなく、151系時代と変わらぬ姿で活躍していた。先頭車化改造されたクハ181-71、72は細かい部分で改造車然とした差異が見られた。

1959年製のサハ180-1を先頭車化したクハ181-71室内。AU12形丸型吹出口を備え、最前部の切り替えハンドルも1本である。1975年6月21日　上野

サハ150　車歴表

サハ150-1 ('59-11川車)	('66-5吹田)	サハ180-1	('68-12浜松) → クハ181-71 '75-8-27　廃車
サハ150-2 ('59-11川車)	('65-12吹田)		サハ180-2 '75-11-10　廃車
サハ150-3 ('59-11近車)	('66-2吹田)		サハ180-3 '75-11-10　廃車
サハ150-4 ('59-11近車)	('65-9吹田)		サハ180-4 '75-9-1　廃車
サハ150-5 ('59-11汽車)	('66-6吹田)	サハ180-5	('73-5小倉) → クモヤ191-1 '83-2-28　廃車
サハ150-6 ('59-11汽車)	('65-3浜松)		サハ180-6 '75-5-6　廃車
サハ150-7 ('61-7川車)	('65-8吹田)		サハ180-7 '75-8-15　廃車
サハ150-8 ('61-7川車)	('64-10大井)　('65-11大井) 出力増大対応		サハ180-8 '78-9-16　廃車
サハ150-9 ('61-7汽車)	('66-8吹田)		サハ180-9 '75-9-1　廃車
サハ150-10 ('61-8汽車)	('65-11吹田)		サハ180-10 '75-11-10　廃車
サハ150-11 ('61-6近車)	('66-7吹田)		サハ180-11 '75-11-5　廃車
サハ150-12 ('62-4川車)	('66-4吹田)		サハ180-12 '75-11-10　廃車
サハ150-13 ('63-6川車)	('66-5吹田)	サハ180-13	('68-12浜松) → クハ181-72 '75-11-10　廃車
サハ150-14 ('63-6川車)	('65-12吹田)		サハ180-14 '79-1-30　廃車
サハ150-15 ('63-6川車)	('66-1吹田)		サハ180-15 '75-9-1　廃車
サハ150-16 ('63-6川車)	('65-9吹田)		サハ180-16 '78-6-14　廃車
サハ150-17 ('63-6川車)	('66-6吹田)		サハ180-17 '76-5-12　廃車
サハ150-18 ('63-6川車)	('64-12大井)　('65-5大井) 出力増大対応		サハ180-18 '78-8-14　廃車
サハ150-19 ('63-6近車)	('65-8吹田)		サハ180-19 '75-8-18　廃車
サハ150-20 ('63-6近車)	('64-11大井)　('65-11大井) 出力増大対応		サハ180-20 '78-7-24　廃車
サハ150-21 ('63-6近車)	('66-7吹田)		サハ180-21 '78-9-16　廃車
サハ150-22 ('63-6近車)	('65-11吹田)		サハ180-22 '75-7-25　廃車
サハ150-23 ('63-6近車)	('66-7吹田)		サハ180-23 '78-8-14　廃車
サハ150-24 ('63-6近車)	('66-4吹田)		サハ180-24 '78-9-16　廃車

運転台から雨どいにかけての水切りの処理が、形式図通りではあるが他の先頭車と異なる。
クハ181-7 11975年6月10日 上野

181系に残されたサハ150の痕跡

クハ181-72のボンネット側面のJNRマーク。1位側（上）は「J」にも「R」を取り付け、2位側（下）は「R」に「J」を使ってしまっている。工場での単純なミステイクと思われる。
上：1975年9月1日　下：1975年9月10日　上野

台座付の切抜きナンバー。1958年製以外の車では、この2両のみに見られた。1975年9月1日　上野

改造から7年ほどはヘッドライト、テールライト共に、151系と同様、銀色の縁取りであった。小糸製作所の銘飯も見える。
クハ181-71　1975年3月25日　上野

運転台直後のユニットクーラー上には押込み通風器がない。屋根には運転台部分との継ぎ目がはっきりと残る。クハ181-71　1975年3月25日　上野

新設の先頭部はクハ181-100番台に準じているが、特急シンボルマークの色が金色ではなくクロームメッキである。自連カバーは関東では珍しい赤2号一色塗り。クハ181-72　1971年3月27日　上野

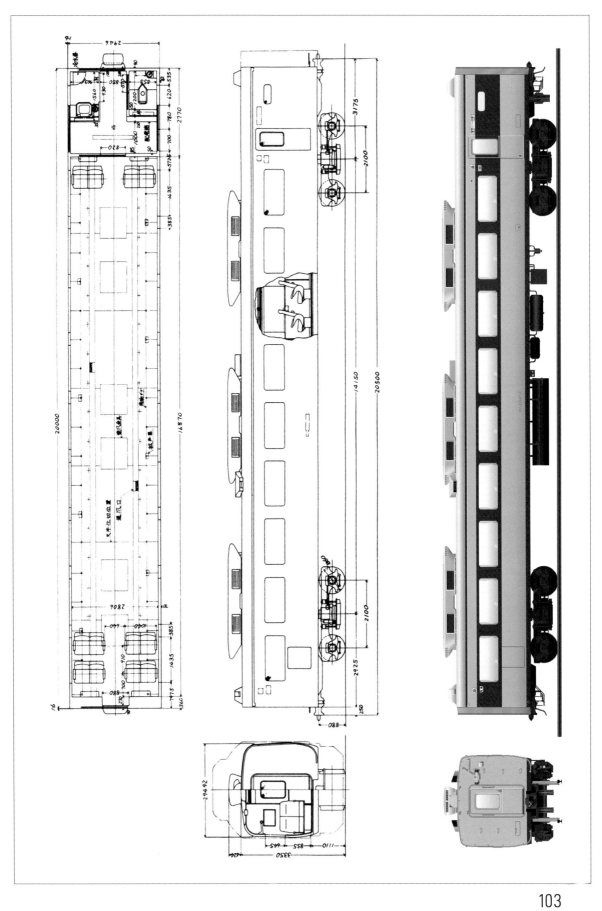

10 モハ150

空気関係機器を搭載し モハ151-10番台とユニット

編成図

国鉄151系

先行製作されたサハ150形と車体は同一のモハ180-9。1975年8月25日　新宿

　1960年6月の「つばめ」「はと」電車化に合わせ製造された本系列初のM'車で、1～6の6両が製造された。車体は前年に先行製作されたサハ150形（98ページ参照）と同一で、モハ151形に主要機器・パンタグラフ等を集中搭載しているため、モハ150形は空気関係機器を主体にブレーキ制御装置等が搭載された。

　客室はサハ150形と同一で、最前位から定員72人の客室を設け、後位に出入台と便所と洗面所を設置する配置である。モハ151-11～16とユニット

1960年製造のモハ180-2の室内。AU12形丸型吹出口は1960年製造の6両にのみ見られた。1975年1月29日　上野

モハ180-5のDT23Z形台車。枕バネ上部の自動高さ調整弁装置には、耐寒耐雪改造によりカバーが設置されたが、1972年以降に向日町から転入した車両を中心にこのカバーのない台車も見られた。1975年2月24日　上野

を組み、東京寄り10号車に連結された。

1961年10月の白紙ダイヤ改正を前に7〜12の6両が増備され、モハ151-17、20、22、24、26、27とユニットを組み11両編成の9号車に組み込まれた。

1962年6月の広島電化に際し13が増備され、モハ151-29とユニットを組んだ。

出力強化改造でモハ180形へ 1978年度までに全車引退

1964年10月の東海道新幹線開業により、1〜5、7、9〜11、13の10両が向日町に転出し、山陽・九州方面特急に活躍の場を移した。

一方田町に残った6、8、12の3両は、出力増大対応改造を受けステンレスナンバーを白く塗って区別した。モハ180形への改番は1965年に行われた。向日町のモハ150形も、1965年から順次出力増大改造が行われモハ180形となった。

1968年10月のダイヤ改正以降、順次向日町から関東への転配が行われ、1973年5月には山陽本線から撤退した。1975年には廃車が始まり、1978年度には全車が廃車となった。

1961年の増備車モハ180-11。1974年7月30日　新宿

　モハ150形は製造年次による変化も少なく、モハ180形となって以降も、車種間改造によって生まれた50番台と異なり、変化は少ない。そのため、現車全体が151系時代のままという印象を残す形式であった。

モハ150　車歴表

モハ150-1 ('60-4川車)	('66-5吹田)	モハ180-1 '75-8-27　廃車
モハ150-2 ('60-4川車)	('65-12吹田)	モハ180-2 '76-5-12　廃車
モハ150-3 ('60-4近車)	('66-2吹田)	モハ180-3 '75-11-5　廃車
モハ150-4 ('60-4近車)	('65-9吹田)	モハ180-4 '78-7-24　廃車
モハ150-5 ('60-4汽車)	('66-6吹田)	モハ180-5 '75-5-6　廃車
モハ150-6 ('60-4汽車)	('65-1大井) 出力増大 −('65-11大井)	モハ180-6 '78-9-16廃車
モハ150-7 ('61-7川車)	('65-8吹田)	モハ180-7 '78-6-14　廃車
モハ150-8 ('61-7川車)	('64-11大井) 出力増大 −('65-11大井)	モハ180-8 '76-1-17　廃車
モハ150-9 ('61-7汽車)	('66-8吹田)	モハ180-9 '76-1-5　廃車
モハ150-10 ('61-8汽車)	('65-11吹田)	モハ180 10 '75-8-27　廃車
モハ150-11 ('61-6近車)	('66-7吹田)	モハ180-11 '75-10-31　廃車
モハ150-12 ('61-6近車)	('64-11大井) 出力増大 −('65-11大井)	モハ180-12 '75-8-27　廃車
モハ150-13 ('62-4川車)	('66-4吹田)	モハ180-13 '76-2-20　廃車

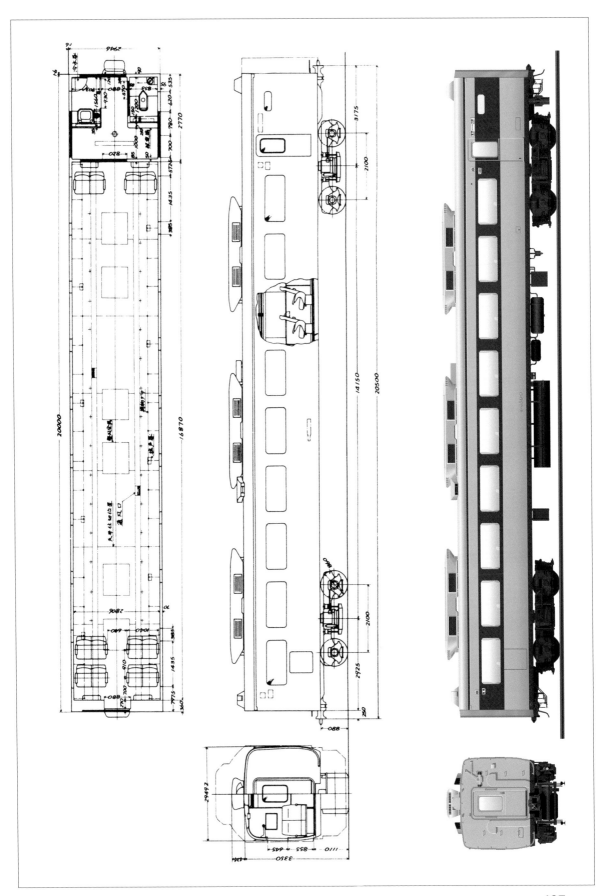

107

12 クハ151

国鉄特急のスタイルを確立した
ボンネット型の前頭部

編成図

←大阪   東京→
クロ151 モロ151 モロ150 サロ150 サロ151 サシ151 モハシ150 モハ151 サハ150 モハ150 モハ151 クハ151

国鉄151系

「こだま」運用に就くクハ26002(クハ151-2)。落成から半年ほど経った頃の原形の姿。前照灯に赤色フィルターが付けられている。1959年4月11日
東京　写真／伊藤威信(RGG)

　1958年11月のビジネス特急「こだま」デビュー時に、3等制御車クハ26形として6両が製造された。国鉄初の特急専用電車の先頭を飾る流線形高運転台ボンネットスタイルは、その後の交直両用特急形電車にも受け継がれ、在来線特急の象徴とし

て定着していく。

　機械室となるボンネット部分は前傾姿勢をイメージし、客室断面から緩やかに絞り込まれた形状で、内部には電動発電機と空気圧縮機を格納、上部を取り外せる構造とし、両脇に前部標識灯(ヘッド

クハ181-5の室内。ユニットクーラーは AU12 形に交換されている。
1975年7月10日　新宿

ライト）と後部標識灯（テールライト）を縦に配置した。ヘッドマークは固定式で、蛍光灯により常時透過照明される。ボンネット先端には砲金製の特急シンボルマーク、側面にはJNRのマークが取り付けられた。先頭部の連結器は、必要な場合に簡易連結器を取り付けられる構造とし、通常はカバーを取り付けてある。台枠下部にはスカートが取り付けられ、タイフォン部分には長円形の穴が開けられ、異物が侵入しないよう金網が張られている。

　運転台はボンネット後端部分にドーム状に突き出した形状で、前面は2枚のパノラミックウィンドウで構成、側面には引違いの窓、後方には次位のモハ20形のパンタグラフの監視もできるように固定窓が設けられた。運転台屋根上には砲弾型ヘッドライトとウィンカーランプを設置、入換時の後方確認用に、可倒式のバックミラーも装備された。

　乗務員室扉下部の昇降用ステップは省略され、前位TR58形台車にはステップ代わりのステーが取り付けられた。

　客室は運転室との仕切り開き戸を仕切中央に設け、その後方に2

人掛け回転クロスシートを片側14脚ずつ56人分設置。仕切り引き戸を挟んで出入台、後位端に便所と洗面所が設置された。

クロ151形に合わせて前面を改造 屋根上には予備笛を設置

　1959年7月に高速度試験が行われ、供されたクハ26003、26004の運転台とヘッドマーク下にはチャンピオンマークが取り付けられた。また、同年

クハ151-6のオリジナル形態（左）と改造後形態（右）。連結器、タイフォン、屋根上の前照灯周りなどが改造されている。写真／辻阪昭浩（2点とも）

1961年に増備されたクハ181-11。運転台屋根上のヘッドライト、ウィンカーランプ、バックミラーの撤去以外は最後まで原型をよくとどめていた。
1975年3月27日　新宿

クハ26003に付けられたチャンピオンマークは、クハ181-3になっても引退直前まで誇らしげに掲げられていた。

の形式称号規程改正で、クハ26001〜26006はクハ151-1〜6に改番された。

　1960年6月の「つばめ」「はと」電車化に際し、先頭部を中心にクロ151形（46ページ参照）と同一形態とする改造が行われた。ヘッドマークを着脱式にし、先頭部連結器は並形自動連結器を常設とし、クロ151形と同様の大型カバーを取り付けた。これに伴い床下のタイフォンは左右に離れた位置に変更、当時頻発していた踏切障害により床下タイフォン破損等が生じた場合の予備笛を運転台屋根上のヘッドライト脇に設け、ライトと共に一体型のカバーで覆った。またバックミラーは車両限界内に収める形状とし、固定式に改めた。

初期車の使用実績に基づき
細部を変更した増備車

　1961年10月のダイヤ改正に合わせて7〜11の5両が増備された。外観上の1958年製車との相違点は、ボンネットの上部に点検時の換気天蓋設置、ライトケース下部の外気取入口増設、運転台屋根上のウィンカーランプ変更、運転台直後のユニットクーラー上部に押込式通風器取付等である。

　また、近畿車輛製11を除き、乗務員室扉下部にはステップが設けられ、前位台車のステーは廃止されている。1962年6月の広島電化に際し、12が増備された。

九州乗り入れ改造で前面が変化
出力増大対応改造でクハ181に

　1964年5月からは九州乗り入れ改造工事が開始され1、4、5、7、9、11の6両に対し制御・高圧補助回路ジャンパ連結器とブレーキ用空気ホース管の取り付けが行われ、スカート部分が大きく切り欠かれたほか、ステンレスの形式番号を赤2号で塗装して、乗り入れ対応車であることを区別した。

　1964年10月の東海道新幹線開業により、1〜5、7、9〜12の8両が向日町に転出し、山陽・九州方面特急に活躍の場を移した。

　一方田町に残った6、8は出力増大改造に対応する改造工事を行い、161系と同様の赤2号の帯を入れ、ステンレスナンバーを白く塗って区別した。

　1965年夏以降、向日町のクハ151形も順次クハ181形に形式変更された。

クハ151　車歴表

クハ26xxx		クハ151-x	改造	クハ181-x	廃車
クハ26001 ('58-9川車)		クハ151-1	('66-5吹田)	クハ181-1	'76-1-5　廃車
クハ26002 ('58-9川車)		クハ151-2	('65-12吹田)	クハ181-2	'75-11-5　廃車
クハ26003 ('58-9近車)		クハ151-3	('66-2吹田)	クハ181-3	'75-11-5　廃車
クハ26004 ('58-9近車)		クハ151-4	('65-9吹田)	クハ181-4	'75-5-6　廃車
クハ26005 ('58-9汽車)		クハ151-5	('66-6吹田)	クハ181-5	'75-10-31　廃車
クハ26006 ('58-9汽車)		クハ151-6	('64-11大井) 出力増大対応 ('65-11大井)	クハ181-6	'75-11-10　廃車
		クハ151-7 ('61-7川車)	('65-8吹田)	クハ181-7	'75-8-27　廃車
		クハ151-8 ('61-7川車)	('64-11大井) 出力増大対応 ('65-11大井)	クハ181-8	'75-11-10　廃車
		クハ151-9 ('61-7汽車)	('66-8吹田)	クハ181-9	'75-8-27　廃車
		クハ151-10 ('61-8汽車)	('65-11吹田)	クハ181-10	'75-8-27　廃車
		クハ151-11 ('61-6近車)	('66-7吹田)	クハ181-11	'76-1-5　廃車
		クハ151-12 ('62-4川車)	('66-4吹田)	クハ181-12	'75-8-27　廃車

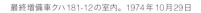

最終増備車クハ181-12の室内。1974年10月29日

九州乗り入れ改造を受けたクハ151-5（左）とクハ151-9。この改造の際にスカート形状の個体差が生じ、後のバラエティー豊かな先頭車の表情を生むこととなる。1965年10月11日　向日町運転所　写真／辻阪昭浩

1968年10月のダイヤ改正に伴い、1、2が田町に戻ったが、2は帯なし・ロングスカートのまま運用に就き、後年の同様の事象の先駆けとなった。

1969年頃からヘッドマーク交換作業の省力化のため、ヘッドマークを巻き取り式ロールマークとする改造が3、5、7、9、11の5両について行われた。また、1971年頃から、バックミラーとウィンカーランプの撤去が行われた。

1972年3月の新幹線岡山開業以降、1973年までに向日町に残った3〜5、7、9〜12の8両が順次

関東に転属、全車がボンネットの帯を入れず、スカートも長いままで上信越・中央の各特急に運用された。

1975年には廃車が始まるが、3、5、7、11は帯を入れられることなく廃車となった。1975年度中に元クハ151形の全車が廃車となったが、トップナンバーは生まれ故郷の川崎重工業（現・川崎車両）兵庫工場で保存されている。

川崎車両兵庫工場で保存されているクハ181-1。屋根上ヘッドライトの復元、ボンネットの帯消去などが行われているが、おおむね廃車時の形態のままである。2007年8月20日

国鉄151系

181系に残されたクハ151の痕跡

クハ181形の基本番台は製造年次による違い、メーカーによる違いのほか、その後の使用線区に応じた改造等により晩年は1両ごとに形態が異なっていた。前面のバラエティーについては第3章でご紹介し、ここでは前面以外のクハ151時代の面影をご覧いただく。

クハ181-5の運転台部分。ヘッドライトとウィンカーランプの撤去跡がはっきり残る。ウィンカーランプは向日町所属時に撤去され、長野転属時にヘッドライトを撤去、予備笛は後方に移設されカバーが付けられた。運転席にはデフロスタが追設されている。1975年3月24日　上野

クハ181-6の運転台後方部分。1958年製の6両には、運転台直後のユニットクーラーに押込式通風器がない。1974年11月9日　上野

クハ181-3の助士席側にある積算速度計。上部カバーの中には記録紙がセットされ、撮影時に実際に使われていたことがわかる。1975年5月29日　上野

クハ181-4のボンネット通風グリル。1958年製の6両は片側1カ所ずつであった。1974年9月14日　上野

クハ181-3のボンネット部分。1958年製の6両にはボンネットに天蓋がない。
1975年6月9日　上野

クハ181-1のバックミラーは固定式の改良型で、長野所属車は晩年まで残っていた。1975年6月7日　上野

クハ181-3の運転台。当時は運転士に頼むと運転室に入れてもらえた。1975年5月29日　上野

ATSの設置が完了するまで、列車防護規定により、最後部になる
際はヘッドライトに赤色フィルターを取り付けていた。使用しないと
きは乗務員室扉の脇に格納できるようになっていた。
左から151系時代の格納状態（写真／辻阪昭浩）、クハ181-6の
格納ラック（1974年10月14日　上野）、クハ181-10の格納ラック
（1974年6月22日　上野）。

クハ181-3のTR58Z形台車。乗務員室扉下部のステップを省略したため、1位側台車のオイルダンパ上部にはステップ代用のステーが設けられ
た。1974年10月3日　上野

クハ181-11のTR58Z形台車。2位側台車は常務員室扉の位置関係からボルスターアンカに、ステップ代用の鋼製アングルが取り付けられ
た。1975年6月21日　新宿

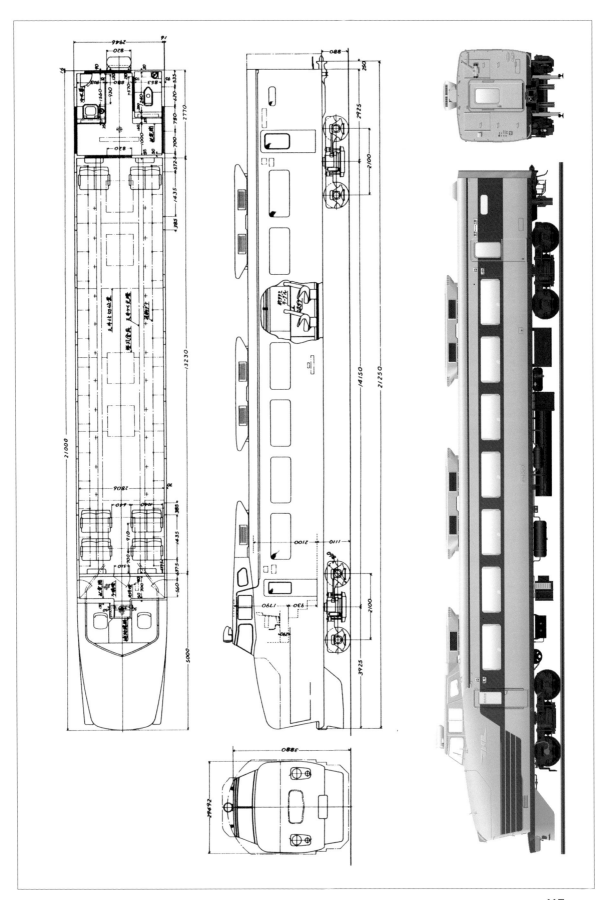

クロ150

短期間の使用を前提に
サロ150から急きょ改造

編成図

←大阪

| クロ150 | モロ151 | モロ150 | サロ150 | サシ151 | モハシ150 | モハ151 | サハ150 | サハ150 | モハ150 | モハ151 | クハ151 |

東京→

国鉄151系

国鉄151系

東京駅で「はと」の先頭に立つクロ150-3。出入台の位置は異なるが、後に登場するクロ481と似たスタイルとなった。1964年9月1日　写真／辻阪昭浩

　1964年4月25日に発生した、東海道本線草薙〜静岡間の下り「第一富士」の踏切事故により大破、使用不能（のちに廃車）となったクロ151-7に代わる1等制御車として、サロ150形を急きょ先頭車化改造し誕生した1形式1両の異端車である。

　夏の多客期輸送に間に合わせるため2カ月足らずで改造を終える必要があること、かつ新幹線開業までの3カ月間のワンポイントリリーフであること、新幹線開業後は上越特急に転用のためクハに再改造を予定していることなどを考慮し、特別車両

左）客用扉と乗務員室扉が並ぶ特異な配置。出入台部分のユニットクーラー本体が撤去されているのがわかる。

右）クロ150の前面。テールライトが外嵌式であるほかは、この角度からの他車との差異はない。2点とも1964年9月1日　写真／辻阪昭浩

クロ151　車歴表

サロ150-3	──('64-6浜松)──	クロ150-3	──('65 3浜松)──	クハ181-53
('60-4近車)				'75-11-10　廃車

パーラーカーとはしなかった。

　改造には事故編成の復旧と九州乗り入れ改造を行っていた浜松工場があたった。種車は事故編成に組み込まれていたサロ150-3で、工期短縮を図るため後位の回送運転台側に運転台を設け、前位側便所、洗面所と客室部分の3/4はほぼそのまま流用、出入台も種車のものを運転台直後に移設し、ジャンパ連結器、引通線等も引き直しの上、前位と後位を入れ替える方向転換を行った。

　車体長はクロ151形と同じ20500mmで、ボンネット運転台部分はクロ151形と同様のものが取り付けられた。ただ、テールライトは外嵌めタイプのものが使用され、ヒンジがある。屋根上は運転台直後のユニットクーラーのみ元の位置よりも車体中央寄りに移設し、出入台部分にかかるユニットクーラーは本体部分を撤去、ユニットクーラーカバーの運転台寄りのルーバーが半分ほど残る形状となり、押込式通風器も設置されなかった。

　車体雨どいから運転台部分の雨どいにかけて取り付けられた水切りは、他の先頭車に比べ運転台側窓に寄って立ち上げられているため、運転台側窓後方のクリーム4号で塗装された部分が狭いのも特徴である。

　乗務員室扉の直後に移設された出入台には、回送運転台取付改造時に設置された客用扉戸袋引込み部分の掴み棒もそのまま残っている。

　客室は3,480mm短縮、リクライニングシート6脚12人分を撤去、片側10脚ずつ定員40人の1等室とした。

5年の間に3回も大改造
晩年は「とき」で活躍

　1964年7月1日から営業運転に入り、1964年10月の新幹線開業により、当初の予定通り浜松工場に再入場、クハ181形への改造工事が実施された。製造からわずか5年の間に3回の大きな改造を受けることになる。盟友サロ150-2が9年間サロ150形を名乗り続けたことを考えると、正に運命のいたずらとしか言いようがない。

　改造方法はクロ151形で述べたクハ181-56への改造（50ページ参照）と同様であるが、屋根上のユニットクーラーの配置を含む天井から上の部分はそのままである。また出入台は後位に再度移設されたが、客用扉戸袋引込み部分の掴み棒は撤去されている。

　1965年3月にはボンネットに帯を入れ、クハ181-53として出場、当初はロングスカートでヘッドライト、ウィンカーランプもそのままであった。

　その後1966年にヘッドライト、ウィンカーランプの撤去が行われ、スカートもクハ181-100番台と同様に短く切り取られた。

　1969年に新潟運転所に移管され、1973年9月まで「とき」「あずさ」に運用、同年10月からは「とき」に運用され、1975年に波乱の生涯を終えた。

クハ181-53の室内。最前部の
クーラー吹出口の位置が異なるほ
か、ベンチレーターの位置は中間
車改造車の70番台と同じである。
1975年9月17日　上野

クハ181-53に残されたクロ150-3の痕跡

クロ150形に改造されてか
ら、わずか3カ月でクハ181-
53に再改造されたが、細部
にこの車両ならではの痕跡
が残されていた。

クハ181-53の先頭部。
ユニットクーラーカバー、
水切りの位置などはク
ロ時代のまま。1974年
10月25日　上野

特徴だった外嵌め式テールライ
ト。ライト縁は赤に塗りつぶさ
れている。1975年9月17日
上野

運転室直後のクーラーカバー。
1975年9月22日　上野

クーラー撤去部の室内側には、塞ぎ板が
貼られていた。1975年9月17日　上野

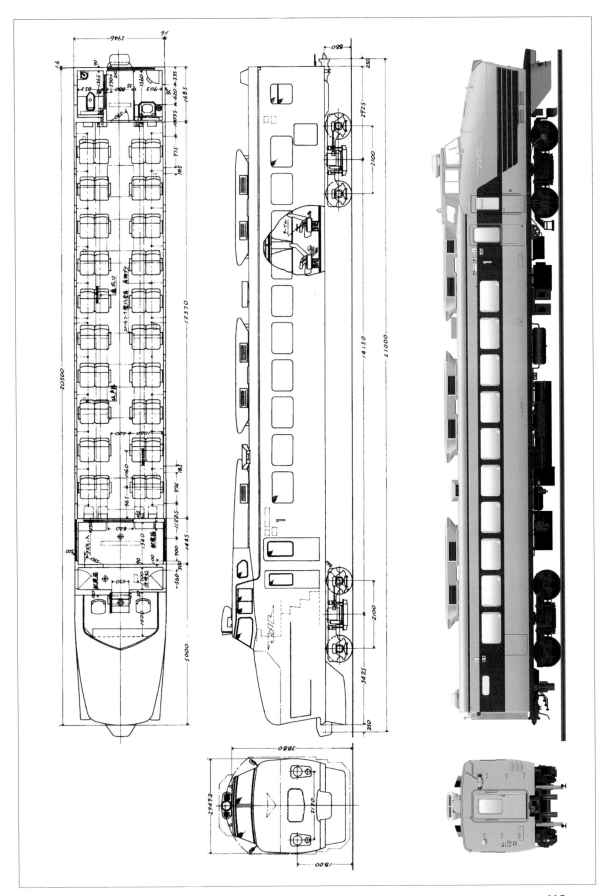

119

151系の主な編成
こだま
1958年11月1日〜1959年12月12日

ビジネス特急「こだま」デビュー時の8両編成。イラストは
1959年11月1日の下り「第1こだま」1番列車のB6+B5
編成。神戸発の上り1番列車には川車製編成が使われ、
始発駅地元メーカーへの配慮がなされた。

こだま
1959年12月6日〜1960年5月31日

1959年製2次車の先行落成車を組み込んだ12両編成。
上の8両編成を12月6日から順次組み替え12両編成と
し、定員数は151系を使用した列車では最大となる672
人となった。

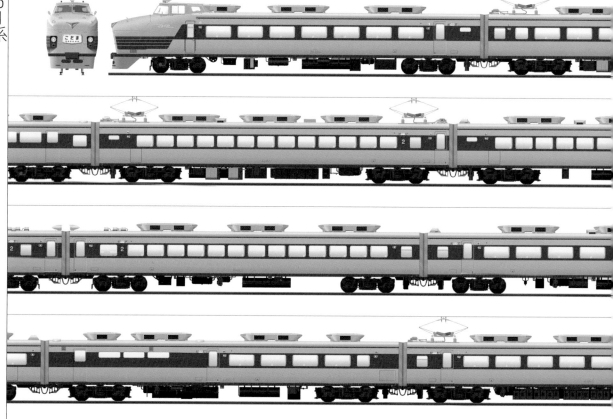

国鉄151系

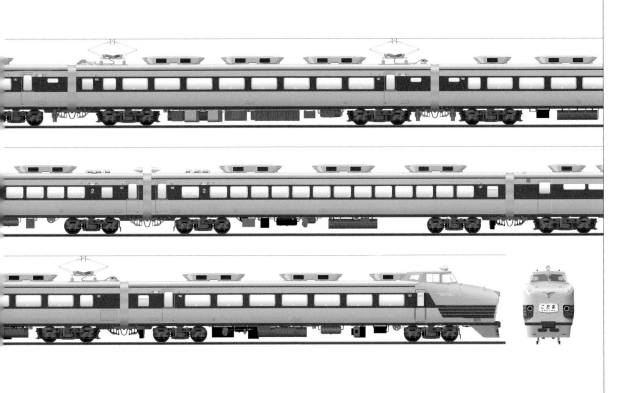

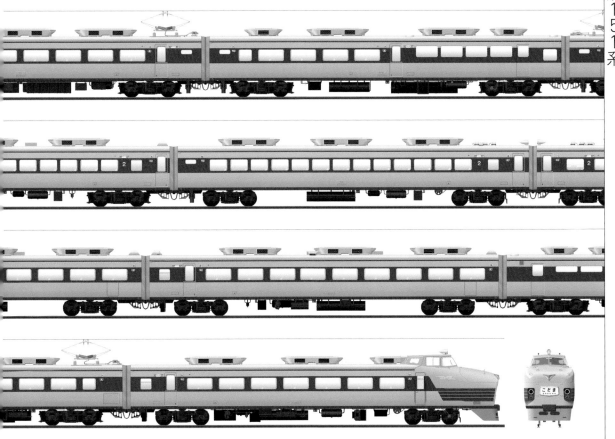

121

ちよだ号

1959年4月10日、4月12日

皇太子殿下（現在の上皇陛下）と美智子さまのご成婚に合わせた新婚列車で、いわゆるあやかり結婚カップル向けに東京〜熱海間に運転された特別準急列車。4月10日にはイラストの近車編成、12日には汽車編成が使われた。

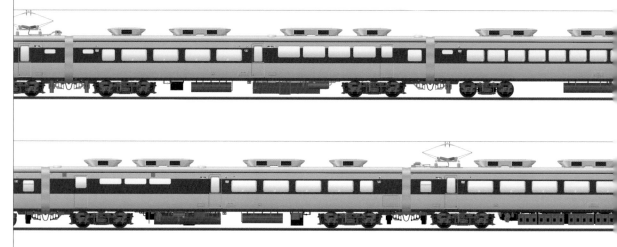

品川〜大井間
1959年4月12日
写真／辻阪昭浩

高速度試験

1959年7月27〜31日

近車編成からサロ25形を抜いた4M2Tの6両編成に各種測定機器を取り付け、試験用に軌道強化を行った金谷〜焼津間の上り線で高速度試験を実施。当時、日中の列車はヘッドライトの点灯義務がなかったが、試験列車は点灯。7月31日16時07分30秒、163km/hの狭軌最高速度記録を打ち立てた。

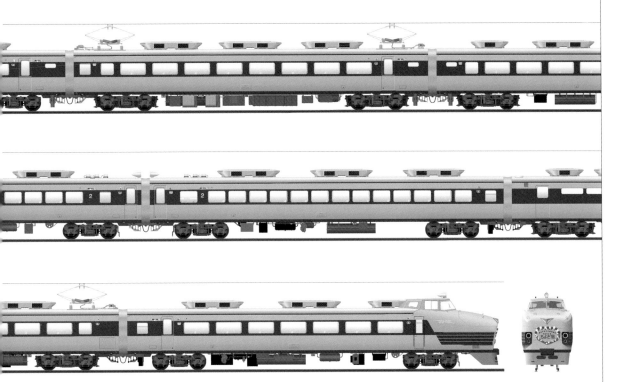

下り「東海1号」運転室にて
1959年7月27日　藤枝　写真／辻阪昭浩

高速度試験に供された車両には、試験速度
の札が差されていた。

こだま・つばめ

1960年6月1日〜1961年9月30日

「つばめ」電車化に伴い、パーラーカー、食堂車を加え
た国鉄電車史上空前絶後の豪華編成。イラストは電車
化初日の下り「第1つばめ」に使われた特2編成。前後に
装飾が施された。

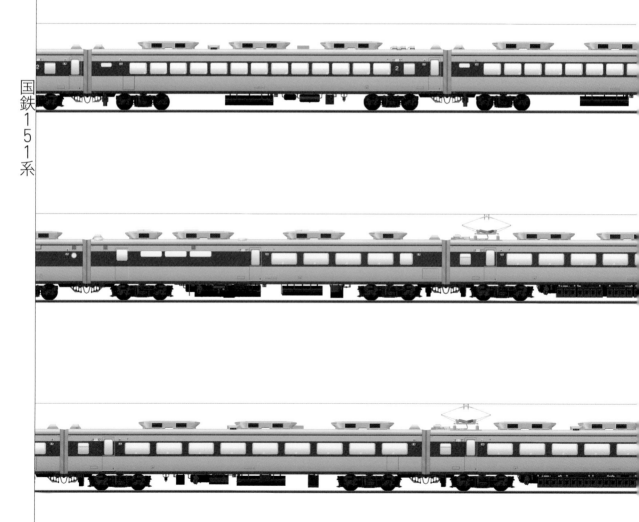

こだま・つばめ

1960年6月1日〜1961年9月30日

124〜125ページの編成を山側から見たもの。イラストは
1960年7月1日から導入された2等級制により、2等の表
示が1等に変更された後の姿。

181系の中でも、151系として落成した26両の顔の変化をイラストで解説する。廃車になるまでに3回の大きな変化期があり、1両1両の顔に個性が出てきた。

第3章

図解

151系先頭車

1回目は1960年の自動連結器常設、屋根上ヘッドライトと予備笛を一体で覆うカバーの取付、交換式ヘッドマークへの変更。
2回目は1964年の九州乗り入れ改造工事。3回目は1966年以降1973年まで続いた横軽・山用改造工事である。
特に2回目の九州乗り入れ改造が、その後の顔の変化を左右している。お手許にある181系の写真と見比べていただき、番号の特定を楽しんでいただければ幸いである。

151系直系の先頭車
26両の面々

はじめに

物心ついた頃からの憧れであった151系が東海道本線の特急から身を引いたのは、私が小学校2年生の時で、同級生の男の子はみんな「夢の超特急」ひかり号に夢中になっていた。そんな子供たちが「夢の超特急」の絵を描く中で、私だけが「さようなら『こだま』がたでんしゃ」という絵を描いていた。

それから10年、181系に改番され全車が首都圏に戻ってきた1973年後半から1975年までの間、151系の面影を見出すフィールドワークが日課となっていたが、先頭車の1両1両がすべて異なることにより、かなり遠くからでも何番かが特定できる状態であった。

「三つ子の魂百までも」ではないが、今回151系直系の先頭車26両(サハ180形からの改造車2両を含む)の面々を、新製時から引退までの特徴的な顔の変化をイラストの形で一覧できるように作成した。

作成にあたって

- 形式図の正面から見た図面と同じフォルムとした
- 形式図とは異なり、輪郭線は廃し、ハイライト部分と陰影部分との組み合わせにより立体的な感覚の得られる描き方とした
- 原則、番号の特定できる写真を基に作成した(従って番号の特定できない写真や、写真が残っていないものについては原則掲載していない)
- スカート・自連カバーのへこみや傷、ボンネット部のパテはみ出しや汚れ、バックミラーの曲りなどについては、これらを排除した状態で描いている(実際にはこれらのすべての状態を総合して番号特定をしていたのも事実であるが、イラストに統一する意味合いからも統一的な描き方とした)
- それぞれの形態の時期については確認できた年月(あるいは年のみ)を基準に「頃」または「以降」の表示とした。

| ク | ハ | 1 | 8 | 1 | - | 1 |

川崎車輛で造られたトップナンバー
神戸発上り「第1こだま」1番列車の先頭を務めた

 ❶  ❷  ❸  ❹  ❺  ❻

❶ 新製当時(1958年から1960年2月頃)
❷ クロ151形に合わせた改造後(1960年5月〜1964年春頃)
❸ 九州乗り入れ改造後(1964年5月〜1966年頃)。タイフォンの穴を設けていなかった
❹ 九州乗り入れ改造復旧後(1966年5月頃)。スカートにはタイフォン穴が全くなかった。自連カバーは❺の改造

前までに復活したかは不明
❺ 横軽、山用対策工事後(1968年10月以降)。運転台屋根上のヘッドライト、ウィンカーランプは撤去。前面に帯が入り、下部ヘッドライトは縁塗りつぶし。スカートは短くされ、161系と同様の丸型のタイフォン穴が開けられたが、左右に離れているのが特徴。改造担当は大井工場。イラストは1971

年6月頃のもので、バックミラーは支柱だけの新ニイ所属時
❻ 最晩年(1975年8月頃)。長ナノ転属後、バックミラーは鏡体を再度取り付けた。長野工場で塗装した車両には、ウレタン系塗料使用の場合「ウ」の表示がヘッドマークの下に小さく入れられた

ク	ハ	1	8	1	-	2

帯なしで関東に戻った最初のクハ

❶ 新製当時（1958年から1960年5月頃）

❷ クロ151形に合わせた改造後（1960年5月～1964年9月頃）

❸ セノハチ通過のため自連カバー撤去（1964年10月頃～）

❹ 横軽、山用対策工事後（1968年7月以降）。改造工事が吹田工場で行われ、

帯なしで関東に戻った

❺ 帯は入ったものの特急マークの下で分割されていなかった頃（1971年頃～1974年1月）。このような帯の入れ方をしたのは2だけで、下部ヘッドライトが銀縁のままだったこともあり、とにかく目立つ存在だった。イラスト

は新ニイ所属時代、バックミラーは運転士側のみ

❻ 最晩年（1975年6月頃）。1と同じく長ナノ転属後はバックミラーが復活したが、下部ヘッドライトの縁は塗りつぶされた。最後は「あさま」で運用された

ク	ハ	1	8	1	-	3

チャンピオンマークが栄光を物語る
最後まで帯なしで活躍したうちの1両

❶ 1959年7月に行われた高速度試験で、試験編成の東京方先頭車を務め、7月31日に当時の狭軌最高速度記録163km/hを打ち立てた

❷ チャンピオンマークが取り付けられた姿（1959年秋頃～1960年2月頃）

❸ クロ151形に合わせた改造後（1960年5月～1964年9月頃）

❹ セノハチ補機連結のため自連カバー撤去（1964年10月頃～）

❺ 自連カバー復活後（1969年頃）。イラストは保守の過程でチャンピオンマークが塗りつぶされていた時期のもの

❻ ヘッドマークがロールマークに改造され、バックミラー撤去後（1970年頃）

❼ 横軽、山用対策工事後（1972年2月以降）。デフロスター取付は1972年12月頃であった

❽ 最晩年（1975年6月頃）。最後は「あずさ」で運用された。チャンピオンマークは1975年1月下旬に紛失防止のため取り外された

ク ハ 1 8 1 - 4

チャンピオンマークを輝かせ
九州博多まで足を延ばした経歴を持つ

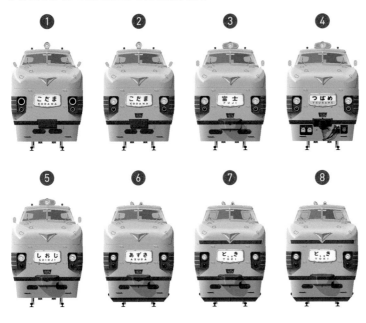

❶ 新製当時（1958年～1959年秋頃）
❷ チャンピオンマーク取付後（1959年秋頃～1960年4月頃）
❸ クロ151形に合わせた改造後（1960年4月頃～1964年8月頃）
❹ 九州乗り入れ改造後（1964年8月～1966年頃）。運転席側のタイフォン穴が半分ほど残されていた。先に改造を終えた車から外したスカートを加工して取り付けたものと思われる
❺ 九州乗り入れ改造復旧後（1966年頃）。スカートはタイフォン穴がやや小ぶりの新品に取り換えられた。イラストは自連カバーも付いた1969年頃
❻ 山用対策工事後（1972年3月以降）。2・3に続き3両目の帯なし転入車であった。デフロスターは1972年12月頃取付
❼ 帯入れ後（1974年春頃）。帯入れ後も短期間チャンピオンマークが残っていたようであるが、筆者も写真で見ただけで、実車の確認はできなかった
❽ 最晩年（1975年2月頃）。1974年5月頃にはチャンピオンマークが外された（盗難に遭ったという説もあるが定かではない）。クハ181形の中では最も早く1975年2月半ばには営業運転から退き、5月には廃車となった

ク ハ 1 8 1 - 5

山陽特急に最後まで使われた
異色のスタイルを持つ帯なし車

❶ 1959年4月10日の新婚列車「ちよだ」使用時。汽車会社製1次車・2次車の特徴で、特急シンボルマークの取付位置が他社製に比べ低かった
❷ クロ151形に合わせた改造後（1960年4月頃～1964年4月頃）
❸ 九州乗り入れ改造後（1964年5月～1966年頃）。1と同様、タイフォンの穴を設けていなかった
❹ 九州乗り入れ改造復旧後（1966年頃～1969年頃）。イラストは自連カバーも付いた1969年頃
❺ ヘッドマークがロールマークに改造され、ウィンカーランプ、バックミラー撤去後（1970年頃～1973年5月）
❻ 長野運転所転属直後（1973年9月以降）。デフロスター未設置、スカートには1と同様の丸穴が開けられたが、ロングスカートの丸穴は本車のみ最晩年（1975年6月頃）
❼ 最晩年（1975年10月頃）。最後は「あずさ」で運用された

ク ハ 1 8 1 - 6

下り「第1こだま」1番列車の先頭を務め
新幹線開業後も田町に残った生え抜き先頭車

❶ 新製時（1958年〜1960年5月頃）。5 とともに特急シンボルマークの取付位置が低い

❷ クロ151形に合わせた改造後（1960年4月頃〜1964年10月頃）。イラストは1964年10月3日〜25日まで、東京〜熱海間に運転された急行「オリンピア」に使用された際のもの

❸ 出力増大対応改造後（1964年11月〜1966年6月頃）。運転台屋根上のヘッドライト、ウィンカーランプはそのままでスカートも長いまま、帯のみが入れられた

❹ 横軽、山用改造後（1966年7月以降）。ヘッドライト、ウィンカーランプの撤去、スカートの切り詰めが行われた

❺ 最晩年（1975年9月頃）。最後は「とき」で運用され、元151系の廃車予定車だけで編成された10連の新潟寄り先頭を務めた（1975年10月1日から「とき」は12連化）

ク ハ 1 8 1 - 7

九州に初めて足跡を残した先頭車
晩年は新潟運転所でただ1両、帯なし車で残った

❶ 新製時（1961年〜1964年7月頃）。イラストは1961年8月、試運転・訓練運転の合間に臨時特急「ひびき」に使用時のもの

❷ 九州乗り入れ改造後（1964年7月〜1966年頃）。運転士側のタイフォン穴が残された

❸ 九州乗り入れ改造復旧後（1966年頃〜1968年頃）

❹ 自連カバー取付後（1969年頃）。この後ロールマーク改造が行われているが、ウィンカーランプやバックミラーの撤去の有無を含めて不明

❺ 山用改造直後（1972年3月頃〜1972年10月頃）。この後、下部ヘッドライト縁の赤塗りつぶしが行われ、1973

年頃からは自連カバーが赤1色となった

❻ 最晩年（1975年6月頃）。181系の「あさま」運用離脱により、長野運転所から100番台先頭車が転入したため、早めの引退を迎えた

国鉄151系

| ク | ハ | 1 | 8 | 1 | - | 8 |

新幹線開業後も田町に残り
「とき」「あさま」「あずさ」に活躍

 ❶
 ❷
 ❸
 ❹
 ❺

❶ 新製時（1961年〜1964年10月頃）
❷ 出力増大対応改造後（1964年11月〜1966年6月頃）。運転台屋根上のヘッドライト、ウィンカーランプはそのままでスカートも長いまま、帯のみが入れられた
❸ 横軽、山用改造後（1966年7月〜1968年9月頃）。ヘッドライト、ウィンカー

ランプの撤去が行われたがスカートはロングのまま
❹ スカート切り詰め後（1969年頃以降）。スカートの一部に修理の帯材が残った
❺ 最晩年（1975年9月頃）。6と同様、最後は「とき」で運用され、元151系の廃車予定車だけで編成された10連の

上野寄り先頭を務めた（1975年10月1日から「とき」は12連化）

| ク | ハ | 1 | 8 | 1 | - | 9 |

九州・山陽で長く活躍
帯なしで首都圏に戻り「とき」に投入

 ❶
 ❷
 ❸
 ❹
 ❺
 ❻

❶ 新製時（1961年〜1964年7月頃）
❷ 九州乗り入れ改造後（1964年7月〜1966年頃）。7と同様、運転士側のタイフォン穴が残された
❸ 九州乗り入れ改造復旧後（1966年頃〜1968年頃）。スカートはタイフォン穴がやや小ぶりの新品が取り付けられた
❹ ヘッドマークがロールマークに改造され、ウィンカーランプ、バックミ

ラー撤去後（1970年頃〜1972年9月頃）
❺ 山用改造後（1972年10月〜1974年2月頃）。帯なし、下部ヘッドライト銀縁、ロングスカートは同時期転入車と同じ
❻ 最晩年（1975年6月頃）。1974年春頃には帯が入り、下部ヘッドライトの縁も赤く塗りつぶされた

国鉄151系

132

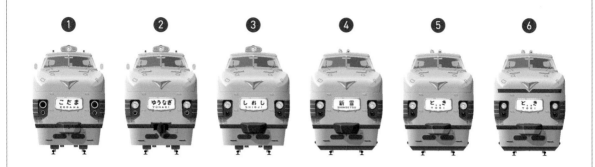

| ク | ハ | 1 | 8 | 1 | - | 10 |

在来線特急下り「第2こだま」
最終列車の最後尾を務めた

❶ 新製時（1961年～1964年9月頃）。前面では分からないが、乗務員室扉上の水切りが省略されてスッキリした外観だった
❷ セノハチ補機連結のため自連カバー撤去（1964年10月頃～1968年頃）
❸ 自連カバー再装着、バックミラー、ウィンカーランプ撤去後（1972年頃）。

自連カバーは赤1色
❹ 山用改造後（1972年10月頃～1973年6月頃）。運転台屋根上ヘッドライトの撤去と予備笛の設置以外は ❸ からの形態変化はない
❺ 自連カバー塗り分け変更後（1973年8月頃～1974年春頃）
❻ 最晩年（1975年6月頃）。1974年春頃

には帯が入り、下部ヘッドライトの縁も赤く塗りつぶされた

| ク | ハ | 1 | 8 | 1 | - | 11 |

山陽特急に最後まで活躍、首都圏転入後は最後まで帯なし
ロングスカートで「あずさ」に活躍

❶ 新製時（1961年～1964年6月）。自連カバーの塗り分けは直線であった
❷ 九州乗り入れ改造後（1964年6月～1966年頃）。タイフォン穴は変則的な配置となって、これが後の変則配置の元になった
❸ 九州乗り入れ改造復旧後（1966年頃～1968年頃）。ジャンパ栓撤去後の穴が2カ所残り、タイフォン穴は助士席寄りに偏倚した変則配置となった
❹ 自連カバー復活後（1969年頃）。カバーによってジャンパ栓撤去後の穴はほとんど隠れた
❺ ロールマーク取付、ウィンカーランプ、バックミラー撤去後（1970年頃～1973年5月）
❻ 横軽、山用改造後（1973年10月～1974年8月頃）
❼ 自連カバー塗り分け変更後（1974年9月頃～1975年1月頃）
❽ 最晩年（1975年10月頃）。最後は「あずさ」に充当。帯なしのまま残った4両の中では最後まで活躍していた

| ク | ハ | 1 | 8 | 1 | - | 12 |

オリジナル「クハ151形」のラストナンバー
13年5カ月の短命に終わった

❶ 新製時（1962年〜1964年9月）
❷ セノハチ補機連結のため自連カバー
　撤去（1964年10月頃〜1968年頃）
❸ 山陽特急晩年（1972年9月頃）。ウィ
　ンカーランプ、バックミラーは撤去、
　自連カバー復活
❹ 山用改造後（1972年11月〜1974年6

月頃）。運転台屋根上ヘッドライトの
撤去と予備笛の設置、自連カバーは赤
1色となった
❺ 最晩年（1974年7月頃〜1975年6
月）。1974年7月頃に帯が入れられ、
下部ヘッドライト縁は塗りつぶしと
なった

| ク | ハ | 1 | 8 | 1 | - | 53 |

サロ150形から先頭車改造でクロ150形に
3カ月後にクハ181形に再改造された波乱の先頭車

❶ クロ150形改造時（1964年7月〜9
　月）。テールライトが外嵌め式以外は
　1961年製先頭車と変わらない前面で
　あった
❷ クハ181形改造後（1965年3月〜
　1966年8月）。帯が入れられた以外は

前面に変化はない
❸ 横軽、山用改造後（1966年9月以降）。
屋根上ヘッドライト、ウィンカーラン
プの撤去、スカートの切り詰めが行わ
れ、下部ヘッドライト縁も塗りつぶさ
れた

❹ 最晩年（1975年9月）。先頭車化改造
から11年3カ月の短くも波乱に富ん
だ生涯の最後は「とき」の新潟寄り先
頭車としての活躍であった

国鉄151系

| ク | ハ | 1 | 8 | 1 | - | 56 |

パーラーカーから一般2等車(当時)への
最初の改造車

❶ クロ151-6製造時(1960年〜1964年頃)。汽車会社製であるため特急シンボルマークの位置が低い。イラストは1960年10月15日東京〜京都間にアジア鉄道会議(ARC)来賓専用臨時特急として運転されたもの

❷ スカート交換後(1964年頃)。1960年代の東海道本線では踏切障害が多

く、復旧に際し1958年製の改造車と同様のスカートに交換された車両があった。イラストは1964年10月3日〜25日まで、東京〜熱海間に運転された急行「オリンピア」に使用された際のもの

❸ クハ181-56改造後(1965年3月)。帯が入れられた以外は、前面に変化はない

❹ 横軽、山用改造後(1966年8月以降)。屋根上ヘッドライト、ウィンカーランプの撤去、スカートの切り詰めが行われ、下部ヘッドライト縁も塗りつぶされた。この後、最晩年(1975年6月)まで大きな形態の変化はなかった

| ク | ハ | 1 | 8 | 1 | - | 61 |

クハ181-100番台に似た顔を持つ
パーラーカー改造車

❶ クロ151-11製造時(1961年〜1964年6月)

❷ 九州乗り入れ改造後(1964年6月〜1966年頃)。タイフォン穴は左右半分ずつが残されている。1966年頃には復旧工事が行われていると思われるが、クロ181-11と特定できる写真がなく、その姿は不明である

❸ クハ181-61に改造後(1968年9月〜1970年頃)。屋根上ヘッドライト、ウィンカーランプの撤去が行われたが、スカートはクハ181-100番台と同形態のショートスカートが取り付けられた。また下部ヘッドライトとテールライトの縁は銀色のままであった

❹ 自連カバーの赤1色、ヘッドライト

テールライトの塗りつぶし後(1971年頃〜1974年頃)。スカートに損傷修理による帯材が見られた

❺ 最晩年(1978年5月頃)。1975年に再び自連カバーが塗り分けられたほかは大きな変化はなく、「とき」で活躍した

ク ハ 1 8 1 - 62

クロハ181形からの初めての改造車

❶ クロ151-4製造時（1960年〜1964年頃）

❷ スカート交換後（1964年頃）。交換の理由はクハ181-56 ❷ に同じ

❸ 九州乗り入れ改造後（1964年8月〜1966年頃）。タイフォン穴はクロ151-11（クハ181-61）同様、左右半分ずつ残されている

❹ 九州乗り入れ改造復旧後（1966年頃〜1968年頃）。スカートはタイフォン穴がやや小ぶりの新品に取り換えられた

❺ 自連カバー取付後（1969年頃〜1972年3月）

❻ クハ181-62に改造後（1972年3月〜1974年頃）。屋根上ヘッドライト、ウィンカーランプの撤去、スカートの切り詰めが行われたが、下部ヘッドライト縁は銀色のままであった

❼ 最晩年（1978年4月頃）。1974年夏にはヘッドライト縁の塗りつぶしが行われ、スカートに空気管の穴が開けられた。1976年1月頃、ヘッドライトとテールライトの縁が銀色に塗られたが、一時的なもので短期間のうちに元に戻された

ク ハ 1 8 1 - 63

151系直系の先頭車で最後まで残ったスカートセットバックの異端車

❶ クロ151-8製造時（1961年〜1964年6月頃）

❷ 九州乗り入れ改造後（1964年7月〜1966年頃）。タイフォン穴はクロ151-11（クハ181-61）同様、左右半分ずつ残されている

❸ 九州乗り入れ改造復旧後（1966年頃〜1968年頃）。スカートはタイフォン穴がやや小ぶりの新品に取り換えられた。1969年頃には自連カバー装着、1970年頃にはロールマーク改造、バックミラー撤去等が行われたと思われるが、確定できる写真がなく詳細は不明である

❹ クハ181-63に改造後（1972年10月〜1975年頃）。屋根上ヘッドライト撤去が行われたが下部ヘッドライト縁は銀色のままであった。改造担当が長野工場であったため、クハ180形と勘違いしたのか、スカートを切り詰めた後にセットバックして取り付けている

❺ 最晩年（1978年12月頃）。1975年頃にヘッドライト縁の塗りつぶしが行われた

　九州初乗り入れを果たした元パーラーカー

国鉄151系

❶ クロ151-9製造時（1961年〜1964年7月頃）

❷ 九州乗り入れ改造後（1964年7月〜1966年頃）。タイフォン穴はそのまま温存された。1964年8月4日、九州乗り入れ性能試験編成の先頭車として初乗り入れ

❸ 九州乗り入れ改造復旧後（1966年頃〜1969年頃）。スカートはタイフォン穴に縁取りが付いた。イラストは自連カバーが装着された1969年頃

❹ ロールマーク改造後（1970年頃）。その後ウィンカーランプ、バックミラー撤去が行われたようだが、時期は不明

❺ クハ181-64に改造後（1973年1月〜1974年頃）。屋根上ヘッドライト撤去が行われ、スカートは切り詰められた。下部ヘッドライト縁は塗りつぶし

❻ 自連カバー修理後（1975年頃）。雪塊をはねたか、自連カバー正面を鉄板で塞ぎ、カバー前面のみを赤で塗った

❼ ヘッドライト・テールライト縁を銀に塗装（1976年頃）。62で述べたように、一時的にライト周りの銀色塗装が行われた。併せて自連カバーの塗り分けも151系時代に戻された

❽ 最晩年（1978年4月頃）。ライト周りは1976年夏には塗りつぶしに戻された

ク	ハ	1	8	1	-	65

元パーラーカー改造車で唯一帯なし
最後までロングスカートの人気者

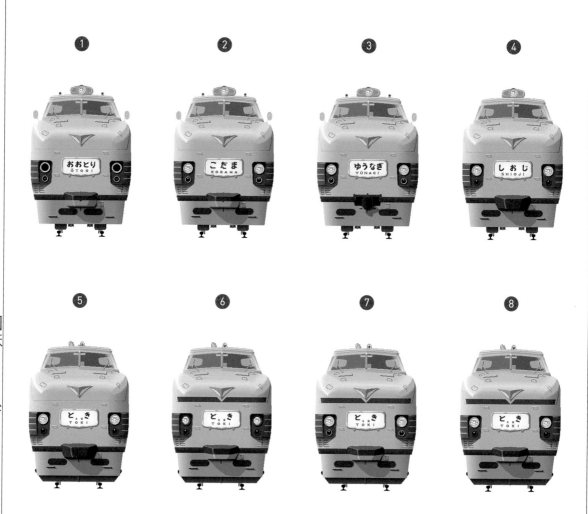

❶ クロ151-10製造時（1961年〜1963年頃）

❷ スカート交換後（1964年9月頃まで）。クロ151-4、6と同様にスカートが交換された

❸ セノハチ補機連結のため自連カバー撤去（1964年10月頃〜1968年頃）。1969年頃には自連カバー装着、1970年頃にウィンカーランプ、バックミラーが撤去されたようだが詳細は不明

❹ 山陽特急晩年（1972年頃）

❺ クハ181-65に改造後（1972年11月〜1973年頃）。改造が吹田工場であったためか、先頭部分は屋根上を除いてクロハ181形の時から変わらなかった

❻ 帯入れ後（1974年〜1975年頃）。帯入れとともにヘッドライト縁が塗りつぶされた

❼ ヘッドライト、テールライト銀縁復活時（1976年1月頃、5月頃）。新潟運転所の現場で行われたものと思われ、複数回確認した

❽ 晩年（1978年7月頃）。イラストは1976年12月頃のヘッドライト銀縁時代

| ク | ハ | 1 | 8 | 1 | - | 71 |

クハ181-100番台の顔を持つ
先頭車化改造車

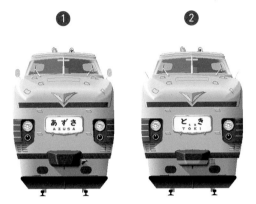

❶ 改造当初（1968年12月〜1974年10月頃）。100番台と同様の顔であったが、運転台のセンターピラー形状は独特で、ヘッドライト、テールライトともに銀縁、自連カバーは1色塗り
❷ 最晩年（1975年6月頃）。1975年初には自連カバーが塗り分けられたが、ライトは最後まで銀縁。先頭車としての活躍はわずか6年半ほどと短かった

| ク | ハ | 1 | 8 | 1 | - | 72 |

71とともに運転台周りを中心に
オリジナルとは異なる部分が多かった

❶ 改造当初（1968年12月〜1974年10月頃）。71と基本的には同じ
❷ 最晩年（1975年9月頃）。71と異なり自連カバー塗り分けとともにライト縁は塗りつぶされた

国鉄151系

| ク | ハ | 1 | 8 | 0 | - | 51 |

最後までパーラーカーで残った
クロ181-12の改造車

❶ クロ151-12製造時（1962年〜1964年9月）
❷ セノハチ補機連結のため自連カバー撤去（1964年10月頃〜1968年頃）
❸ クハ180-51に改造後（1969年3月〜1973年頃）。初のクハ180形への改造

で、屋根上ヘッドライト、ウィンカーランプ撤去、小判型タイフォン穴のスカートを新調し、横軽補機連結のため自連カバーはなく、ジャンパ栓、解放テコなどを装備のためセットバックして取り付けた

❹ 最晩年（1975年7月頃）。改造時から大きな変化はなく、「あずさ」で最後の活躍をした

139

| ク | ハ | 1 | 8 | 0 | - | 52 |

唯一の銀縁ライトのクロハ改造車

❶ クロ151-3製造時（1960年〜1964年9月）

❷ セノハチ補機連結のため自連カバー撤去（1964年10月頃〜1968年頃）

❸ 自連カバー装着後（1969年頃）。1970年頃にロールマーク改造、バックミラーの撤去が行われているが、ウィンカーランプの撤去については不明

❹ クハ180-52に改造後（1972年3月〜1973年頃）。屋根上機器撤去、横軽補機連結機器装備など51と共通ながら、スカートはタイフォン穴を下半分カットし種車のものを取り付けた。ジャンパホースの固定用か、連結器部分の台枠にステーが設けられた。ヘッドライトは銀縁であった

❺ 最晩年（1975年10月）。形態はほとんど変わることなく「あずさ」で最後の活躍をした

| ク | ハ | 1 | 8 | 0 | - | 53 |

クロ151形のトップナンバーで、東海道本線下り「おおとり」最終列車の大阪寄り先頭車

❶ クロ151-1製造時（1960年〜1964年5月）

❷ 九州乗り入れ改造後（1964年5月〜1966年頃）。同時期に改造されたクハ151-1と異なり、タイフォン穴は温存された

❸ 九州乗り入れ改造復旧後（1966年頃〜1968年頃）

❹ 自連カバー装着後（1969年頃〜1971年頃）。自連カバーが赤1色に塗られた

❺ 山陽線晩年期（1972年頃）。1972年3月15日のダイヤ改正で岡山〜下関間の「はと」に半年間運用された

❻ クハ180-53改造時（1973年9月頃〜1975年10月頃）。改造の様子は52とほぼ同一であるがヘッドライト縁は赤塗りつぶし、ジャンパホースはパイプ部分を長くしてステーは取り付けていない。最晩年まで形態は変わらなかった

クハ 180 - 54

電車化初日の下り「第1つばめ」の
大阪寄り先頭車を務めた

 ❶

 ❷

 ❸

 ❹

❶ 1960年6月1日の「第1つばめ」祝賀
装飾列車
❷ クロ151-2製造時(1960年〜1964年
9月)
❸ セノハチ補機連結のため自連カバー
撤去(1964年10月頃〜1968年頃)。時

期は不明だが、スカートの交換が行わ
れたようで、タイフォン穴に縁取りが
付いた。1969年頃には自連カバー装
着、その後バックミラー、ウィンカー
ランプ撤去が行われているが、詳細は
不明

❹ クハ180-54改造時(1973年11月〜
1975年6月頃)。改造の様子は53と
ほぼ同一であるが、タイフォン穴は縁
取り付きのまま残された。最晩年まで
形態は変わらなかった

国鉄151系

クハ 180 - 55

最後までクロハ181形として山陽特急に活躍
クハ改造からわずか1年9カ月で廃車

 ❶

 ❷

 ❸

 ❹

 ❺

 ❻

❶ クロ151-2製造時(1960年〜1964年
5月)。汽車会社製のため、特急シン
ボルマークの位置が低い
❷ 九州乗り入れ改造後(1964年5月〜
1966年頃)。タイフォン穴は助士席側
に変則的な丸い穴が2つ開けられた
❸ 九州乗り入れ改造復旧後(1966年頃
〜1968年頃)。スカートはそのままと

なったため、異形のタイフォン穴がそ
のままクハ180形改造まで残った
❹ 自連カバー装着後(1969年頃〜1970
年頃)
❺ ロールマーク取付、ウィンカーラン
プ、バックミラー撤去後(1971年頃〜
1973年5月)
❻ クハ180-55改造後(1973年10月〜

1975年6月)。改造の様子は51に近
く、スカートは新調された。最晩年は
「あさま」に運用、新造同様の客室部
分は2年足らずしか使われないで解
体されてしまった

あとがき

　今回、国鉄初の「151系長距離高速電車」をまとめてみた。1982年に最後の151系改造車モハ181-29が廃車となってからすでに40年近くが経過、大量に廃車となった1975年からは45年以上が過ぎた。

　多くの写真が1970年代の181系改造後のものであるが、当時の記憶も次第に曖昧となってくる中、毎日のように上野駅で撮影した写真や編成メモが非常に役に立った。しかし車両ファンの性で、写真は少数派の車両、形態の異なる車両に集中しがちであった。クハ181-50番台やモハ180-50番台、サロ181形やサハ181形の写真はたくさんあったが、大量に存在したモハ180形基本番台やサハ180形の写真はわずかであった。

　今日のようなデジタルカメラではなく、ハーフサイズのオリンパスペンを通学カバンに忍ばせていた時代だから乱射乱撃とはいかなかったのは仕方がないことだが、やはりスタンダードの形態をもっと多く記録に残しておけば良かったと悔やまれることは多い。

　それにも増して残念だったのは、クロハ181形の改造のクハ180-50番台車の多くが、客室を新製後わずか3年足らずで廃車解体されてしまったことで、当時の国鉄の台所事情を考えれば、1972年以降は、クロハのまま関東で使ってもよかったのではないかと思う。

　車両のディテールを追いかけていたために、さっそうと山野を駆け巡る181系の写真は極めて少ないが、「こんな所にも栄光の151系時代の名残をとどめていた」という細部の写真を、楽しんでいただけたら幸いである。

　本書作成にあたってご教示、ご協力いただいた関係各位に深く感謝する次第である。

2021年11月26日

佐藤　博

ご協力いただいた方々（敬称略・50音順）
栗林 伸幸、小寺 幹久、辻阪 昭浩、米原 晟介
川崎車両株式会社

参考文献・参考資料
■長距離高速電車説明書(国鉄臨時車両設計事務所) ■ビジネス特急電車(日本国有鉄道)
■特急電車つばめこだま(日本国有鉄道)
■長距離高速電車151・161・181系(福原俊一／車両史編さん会)
■電車ガイドブック(慶應義塾大学鉄道研究会／誠文堂新光社)
■国鉄電車ガイドブック新性能電車編(浅原信彦／誠文堂新光社)
■電車のアルバム(星 晃・久保 敏／交友社) ■電車のアルバムⅡ(星 晃・久保 敏／交友社)
■日本の車輌スタイルブック(機芸出版社)
■ガイドブック最盛期の国鉄車輌(浅原信彦／ネコパブリッシング)
■昭和の鉄道情景1(野口昭雄／ないねん出版)
■20世紀なつかしの国鉄新性能電車(沢柳健一／山と渓谷社)
■国鉄新性能電車履歴表(ジェー・アール・アール)・鉄道ピクトリアル 各号(電気車研究会)
■鉄道ファン 各号(交友社)・レイル 各号(プレスアイゼンバーン)

STAFF

編集
林 要介（「旅と鉄道」編集部）

デザイン
安部孝司

校 正
武田元秀

写真協力
栗林伸幸
辻阪昭浩
米原晟介
小寺幹久（大那庸之助氏写真所蔵）
RGG
川崎車両株式会社
マリオン業務センター（児島眞雄氏写真所蔵）
※特記のない写真はすべて著者撮影

佐藤 博
さとう・ひろし

1957（昭和32）年、東京に生まれる。物心ついた頃から電車、特に「こだま型」に憧れる。1961年8月、151系「つばめ」初乗車。1963年11月、151系「こだま」初乗車、食堂車初体験。1970年頃から181系に再び傾倒。1972年頃から1975年にかけ通学途中の上野駅を181系観察フィールドとする。学習院大学鉄道研究会所属。1990年頃から151系生みの親である、星 晃氏と親交を深める。2000～2015年「ボンネット特急の世界」ウェブサイト運営。学習院大学鉄道研究会OB組織「動輪会」会員

旅鉄車両ファイル002

国鉄 151系 特急形電車

2021年12月31日　初版第1刷発行

著　　　者　佐藤 博
発 行 人　勝峰富雄
発　　　行　株式会社 天夢人
　　　　　　〒101-0054　東京都千代田区神田錦町3-1
　　　　　　https://temjin-g.com/
発　　　売　株式会社 山と溪谷社
　　　　　　〒101-0051　東京都千代田区神田神保町1-105
印刷・製本　大日本印刷株式会社

■内容に関するお問合せ先
　天夢人
　電話03-6413-8755
■乱丁・落丁のお問合せ先
　山と溪谷社自動応答サービス
　電話03-6837-5018
　受付時間　10時-12時、13時-17時30分（土日、祝日除く）
■書店・取次様からのご注文先
　山と溪谷社受注センター
　電話048-458-3455　FAX048-421-0513
■書店・取次様からのご注文以外のお問合せ先
　eigyo@yamakei.co.jp

■ 定価はカバーに表示してあります。
■ 本書の一部または全部を無断で複写・転載することは、
　 著作権者および発行所の権利の侵害となります。

©2021 Hiroshi Sato All rights reserved.
Printed in Japan
ISBN978-4-635-82322-7

"車両派"に読んでほしい「旅と鉄道」の書籍

旅鉄BOOKS 12
「旅と鉄道」編集部 編
A5判・160頁・1760円

エル特急大図鑑

1972年10月に「数自慢、カッキリ発車、自由席」のキャッチコピーとともに登場したエル特急。2018年3月ダイヤ改正で呼称が廃止されるまでの45年間に「エル特急」を名乗った79列車を紹介。「エル特急」の名付け親、JR東海相談役・須田寛氏による特別寄稿も収録。

旅鉄BOOKS 18
「旅と鉄道」編集部 編
A5判・160頁・1760円

ブルートレイン大図鑑

絶大な人気を集めた青い客車の寝台特急、ブルートレイン。本書では1958年10月に20系が投入された「あさかぜ」から2015年に「北斗星」が廃止されるまでの、20系・14系・24系を使用した寝台特急を列車ごとに紹介。さらに20系、14系・24系の形式解説、新造・改造形式の系譜図を収録。

旅鉄BOOKS 27
高橋政士・松本正司 著
A5判・176頁・1980円

国鉄・JR 機関車大百科

蒸気機関車と輸入機関車は、小史として各形式のエピソードを交えて紹介。旧型電気機関車は、技術的に関連する形式をまとめて関係が理解しやすい構成。新型・交流・交直流電気機関車、ディーゼル機関車は形式ごとに解説。技術発展がめざましいJR世代の機関車も詳しく紹介する。

旅鉄BOOKS 33
「旅と鉄道」編集部 編
A5判・160頁・1980円

キハ40大百科

日本各地のローカル線を支えてきたキハ40系。全国で引退が相次ぐ本形式を詳しく解説。道南いさりび鉄道のキハ40形を取材し、豊富な写真や図面とともに徹底解剖。今も乗れる現役路線（2020年11月の刊行時）、イラストによるキハ40の顔図鑑など、楽しめる企画も満載。

旅鉄BOOKS 35
「旅と鉄道」編集部 編
A5判・160頁・1980円

小田急LSEの伝説

小田急ロマンスカー・7000形LSEは、展望席、豪華で快適な内装、バーミリオンオレンジの外観、そして連接構造で絶大な人気を集め、私鉄特急の代名詞的存在だった。小田急電鉄の全面協力を得て、内外装の取材のほか、技術者や運転士のインタビュー、貴重な写真や図版を掲載。

旅鉄BOOKS 38
「旅と鉄道」編集部 編
A5判・160頁・1980円

貨物鉄道読本

身近だけど乗れない鉄道……貨物鉄道。日本最大の貨物駅「東京貨物ターミナル駅」を徹底取材。さらに貨物列車を牽く機関車の形式解説や、主要コンテナおよびコキ車の解説などを掲載。貨物鉄道にまつわる基礎知識も解説しているので、貨物鉄道に詳しくなりたい人にもお勧め。

旅鉄BOOKS 40
小寺幹久 著
A5判・160頁・1980円

名鉄電車ヒストリー

名岐鉄道と愛知電気鉄道が合併して発足した名古屋鉄道（名鉄）。合併時に承継した車両の晩年の姿や、いもむしこと3400系や7000系パノラマカーなどの名車、最新の2000系や9500系、さらに機関車や貨車まで形式ごとに解説。名鉄車両の系譜を体系立てて紹介する。初出写真も多数掲載。

旅鉄車両ファイル 1
「旅と鉄道」編集部 編
B5判・144頁・2475円

国鉄103系 通勤形電車

日本の旅客車で最多の3447両が製造された通勤形電車103系。すでに多くの本で解説されている車両だが、本書では特に技術面に着目して解説する。さらに国鉄時代の編成や改造車の概要、定期運行した路線紹介などを掲載。図面も多数収録して、技術面から103系の理解を深められる。

発行：天夢人Temjin　発売：山と溪谷社　　価格はすべて10%税込